GRAPE VARIETY BOOK

ブドウ品種総図鑑

Uehara Nobuhiro
植原 宣紘 編著

創森社

棚いっぱいに広がる
ゴルビーの果房

日本のブドウ品種と品質〜序に代えて〜

　果物の中でブドウは長く生産量が世界1位だった。世界の中で欧州地域のブドウ栽培が圧倒的に多かったのは、主にブドウがワイン造りのためだったからである。紀元前から、ギリシャ、ローマ時代へと、水質の悪い飲料水の代わりに、ワインを飲んで人々が生き延びてきたのが欧州の歴史なのである。現代、ブドウは果物1位の座を明け渡し、柑橘、バナナに抜かれて今は世界の3位に後退している。これは主に、科学の進歩で飲料水の質が向上、普及したからであろう。

　一方、日本人は日本列島で数万年も生存してきた。その間、飲み水に困ったことはない。降雨が多く、梅雨は長くうっとうしい。また、台風が襲来すると、土砂崩れや洪水が多発する風土なのである。嫌というほど多量の降雨があるから、ブドウを栽培し、水の代わりに果物で喉の渇きを癒そうなどとは誰も考えなかったのは当然である。

　その日本に黒船が襲来し、驚いた幕府は鎖国を解き、明治維新を迎える。明治政府は海外の見聞を広め、ブドウ栽培とワイン造りが盛んな西欧の実態を初めて知った。そして、欧米のブドウを数百品種も導入し、ときの政府は日本にブドウを定着させようと試みた。それは富国強兵を目指して、酒の原料である米を備蓄して国力を増強させ、一方、水田に向かない山間傾斜地にブドウを栽培して、清酒の代わりに国民にワインを飲ませ、西欧諸国に対抗しようというもくろみだった。

　ところがその試みは失敗に終わった。欧州ブドウは雨による病害に弱く、当時の技術ではほとんど栽培できなかった。ワインもわずかしか造れなかった。かろうじて雨に強い米国系品種が生き残り、日本のブドウ栽培に望みをつないだのである。また、かろうじてできたワインだが、当時の日本人にはワインはなじまず、ワインを日常生活に取り入れるには長い時間がかかった。戦後の高度経済成長が日本人の食生活を激変させ、洋食を取り入れるほど豊かになった日本人は、徐々にワインのおいしさに目覚めて、現在のワインブームがある。

　その中で、雨には弱いが品質の高い欧州種と、雨には強いが品質の劣る米国種を交配した先駆者の努力が日本のブドウ栽培を発展させる第一歩になった。現在、栽培面積第1位の巨峰は米国系品種と欧州種を交配した欧米雑種であり、日本の気候に耐え、雨に強い。多数のブドウ品種を日本に導入し、試行錯誤しながら、日本の気候風土に適した国産品種の巨峰（欧米雑種）などが誕生するまでには、約100年に近い歳月を必要としたのである。

収穫したばかりの
シャインマスカット

　栽培技術の進歩も著しい。ガラス室でかろうじて栽培に成功した岡山のマスカットオブアレキサンドリアが欧州ブドウの代表的品種だが、より簡易なビニールハウスが普及して、欧州ブドウの栽培が全国に広がった。また、巨峰が生まれてから約30年後にジベレリンという植物ホルモンがブドウ栽培に革命的進化をもたらす。最適地でなければ栽培不可能な種なしブドウが、日本で容易に作れるようになったのである。今や、巨峰やピオーネは世界一の巨大粒種なしブドウである。

　ブドウは品種数が多い果樹である。世界の北半球、南半球の温帯地域に広く栽培され、長い歴史があり、品種数は１万品種以上あるといわれている。
　日本には明治時代に多数の品種が導入された。日本の気候に合わない品種は栽培に苦労したが、だんだんと育種が進み、栽培の困難な高級品質の欧州種に、病気に強い米国種をかけ合わせ、国産の欧米雑種などが生まれて、今や生産が軌道に乗っている。
　栽培面積第１位に定着している４倍体巨大粒の巨峰、さらに品質の高い第３位のピオーネに加え、約10年前に作出・発表されて第４位にのぼってきた驚異的新品種のシャインマスカットなどが、日本で生まれた代表的な国産品種である。
　世界のブドウは、ワイン用ブドウが圧倒的に多い。日本のブドウ栽培面積は少ないが、生食用ブドウが主で、しかも、欧米にはない巨大粒の種なしブドウが主流になっている。それにワイン用ブドウも、山梨、長野、北海道をリーダーに、最近は九州、四国、東北各県など、全国的に新ワイナリーが誕生して新たなステージを迎えようとしている。
　本書では日本で栽培されている主だった生食用ブドウ、ワイン用ブドウの品種を取り上げ、品種ごとに果房写真などを添えてその生い立ち、特性を述べ、さらに品種・育種、栽培などをめぐっての基本事項を解説している。これまで関係者が苦労の賜物として育種、育成してきた日本ならではのブドウ品種を共有の財産としてとらえ直し、品種の素顔を理解したり導入品種を検討したりするさいに総覧できるビジュアル図鑑として役立てていただければ幸いである。
　最後になるが本書の発刊にあたり、ご協力いただいた農水省農研機構や都道府県の研究機関、市町村などの自治体はもとより、民間育種家、ワイナリー、JA（農協）、種苗会社、ブドウ生産者など多くの関係者の方々に記して謝意を表したい。

　　2018年 6月　ブドウの出盛りを前にして　　　　　　　　　　　　　植原 宣紘

ブドウ品種総図鑑◎もくじ

日本のブドウ品種と品質 ～序に代えて～ 2
本書の見方・読み方 10

第1部　欧州種・欧亜雑種のブドウ品種　11

欧州種などの分布と品種特性 ─────── 12

欧州種　生食用

サニードルチェ　14	ロザリオビアンコ　15	甲斐路　16
赤嶺　17	ネオマスカット　18	ルーベルマスカット　19
マスカット オブ アレキサンドリア　20		マスカットビオレ　21
マリオ　22	瀬戸ジャイアンツ　23	紫苑　24
グロコールマン　25	甲斐乙女　25	
ブラックフィンガー　26	秋鈴　26	ユニバラセブン　27
ブラジル　27	ウインク　28	紅高　28
ロザリオロッソ　29	マニキュアフィンガー　29	
ブラックスワン　30	ビッグユニコーン　30	
紅ピッテロ　31	ジーコ　31	レイトリザマート　32
クルガンローズ　32	オルフェ　33	ベビーフィンガー　33
バナナ　34	バラディー　34	紅鳩　35
レッドネヘレスコール　35	紅アレキ　36	紅環　36
ハイベリー　37	イタリア　37	ミニ甲斐路　38
カッタクルガン　38	カノンホールマスカット　39	
マスカットハンブルグ　39	マスカット甲府　40	

涼玉　40	貝甲干（ベイジャーガン）　41	
ネヘレスコール　41	ピッテロビアンコ　42	
リザマート　42	アルフォンスラヴァレー　43	紅三尺　43
ブラック三尺　44	センティニアル　44	
グリーンサマー　45	イチキマール　45	ロザキ　46
ローヤル　46	ルビーオクヤマ　47	ユニコーン　47
ＣＧ８８４３５　48	ザバルカンスキー　48	ゴールド　49
天山　49	ヤトミローザ　50	シトロンネル　50
シャインレッド　51	乍那（チャナー）　51	黄華　52
京早晶（チンツァオチン）　52	牛奶（ニューナイ）　53	

欧州種　生食・醸造兼用

シャスラー　53

欧州種　醸造用

カベルネソービニヨン　54	シャルドネ　55	ケルナー　56
ピノワール　57	ツバイゲルトレーベ　58	メルロー　59
ミューラートルガウ　60	ソービニヨンブラン　61	カベルネフラン　62
リースリング　63	ピノブラン　63	セミヨン　64
グルナッシュ　64	シルヴァーネル　65	
サンジョヴェーゼ　65	ドルンフェルダー　66	ピノムニエ　66
バルベラ　67	甲斐ブラン　67	トラミナー　68
バッカス　68	ヴィオニエ　69	
アルモノワール　69	シラー　70	ネッビオーロ　70
プティヴェルド　71	テンプラニーリョ　71	
アルバリーニョ　72	ピノグリ　72	ガメイ　73
マルベック　73	マルヴァジア　74	

シュナンブラン 74	プティマンサン 75	
タナー 75	ランブルスコ 76	ジンファンデル 76
ムールヴェードル 77	ミュスカデ 77	トロリンガー 78
トレッビアーノ 78	ゲヴェルツトラミネール 79	サンソー 79

欧亜雑種　生食・醸造兼用
甲州　80　　　　甲州三尺　81　　　　竜眼　81

欧亜雑種　醸造用
ビジュノワール　82　　　ヤマブラン　82
ヤマソービニオン　83　　　アムレンシス　83
◆コラム　ブドウ樹の寿命　84

第2部　欧米雑種・米国系のブドウ品種　85

欧米雑種の分布と品種特性 ——— 86

欧米雑種　生食用
ブラックオリンピア　88　　シャインマスカット　89
サニールージュ　90　　　巨峰　91　　　ピオーネ　92
藤稔　93　　　　　　　安芸クイーン　94
ゴルビー　95　　　　　デラウェア　96

欧米雑種　生食・醸造兼用
マスカットベーリーＡ　97

欧米雑種 `生食用`

紅伊豆　98	キングデラ　99	
高尾　100	早生デラウェア　101	翠峰　102
ナガノパープル　103	オーロラブラック　104	ルビーロマン　105
マスカサーティーン　106	マスカットノワール　106	
ヌーベルローズ　107	サマークイーン　107	翠星　108
銀嶺　108	雄宝　109	コトピー　109
サンヴェルデ　110	クイーンニーナ　110	ハニービーナス　111
陽峰　111	ブラックビート　112	
オリエンタルスター　112	甲斐美嶺　113	サマーブラック　113
高妻　114	紫玉　114	高墨　115
多摩ゆたか　115	安芸シードレス　116	紅富士　116
紅南陽　117	紅瑞宝　117	
ゴールドフィンガー　118	ヒムロッドシードレス　118	
伊豆錦　119	ジャスミン　119	オリンピア　120
献上デラ　120	黄玉　121	竜宝　121
植原５４０号　122	白峰　122	
ハニーシードレス　123	ノースブラック　123	レッドクイーン　124
タノレッド　124	天秀　125	ウルバナ　125
ベニバラード　126	ノースレッド　126	BKシードレス　127
涼香　127	紅義　128	旅路　128
あずましずく　129	スカーレット　129	甲斐のくろまる　130
甲斐ベリー３　130	ニューヨークマスカット　131	
ジュエルマスカット　131	ブラックオーパス　132	
バイオレットキング　132	ダークリッジ　133	
シナノスマイル　133	グロースクローネ　134	

欧米雑種 生食・醸造兼用
セイベル９１１０　134

欧米雑種 醸造用
サンセミヨン　135　　　ベーリーアリカントＡ　135
モンドブリエ　136　　　ブラッククイーン　136
セイベル１３０５３　137　甲斐ノワール　137　　　サペラヴィ　138

米国系の分布と品種特性 ——————— 139

米国系 生食用
ナイアガラ　141　　　　スチューベン　142
キャンベルアーリー　143　ポートランド　144　　　バッファロー　145
大玉ポートランド　147　　大玉キャンベル　147　　大粒ナイアガラ　148
レッドポート　148　　　レッドニアガラ　149

米国系 生食・醸造兼用
コンコード　146

米国系 醸造用
アジロンダック　149
◆コラム　ワイン専用品種の増産　150

第3部　ブドウの品種・育種とブドウ産業　151

ブドウ属の発生と来歴　152
ブドウの分類・種類と品種　155
主要ブドウ品種の推移と系統図　158
ブドウの育種と新品種をめぐって　164
主要品種と生食・醸造用の構成比　168
台木の重要性と台木品種の特徴　172
生育サイクルと管理・作業暦　181
苗木の植えつけと管理　184
ブドウの棚仕立てと垣根仕立て　186
ブドウの病虫害の症状・対策　189
ブドウの主な生理障害　194
ブドウの主な気象災害　198
植物生長調整剤による種なし化　199
品種改良とブドウ産業振興　203

◆ブドウ・ワイン関連の用語解説（五十音順）　205
◆主な参考・引用文献　209
◆さくいん（五十音順）　210

● 本書の見方・読み方 ●

◆本書は3部構成とし、第1部では欧州種・欧亜雑種、第2部では欧米雑種・米国系のブドウ品種を取り上げています。第3部は品種・育種と栽培に関連する基本事項を解説しています。

◆ブドウ品種は、日本で栽培されている主だったもの総数214品種を取り上げ、生食用、醸造用、生食・醸造兼用と明記。また、紹介した品種の中には、ブドウ栽培が盛んな県が作出したオリジナル品種、いわゆる囲い込み品種などが含まれ、文末に執筆者を記しています。

◆各品種の解説は系統、作出（作出者、作出年、品種登録年など）、交配親、倍数性、熟期、収量、果皮色、果粒形、果粒重、肉質、糖度、樹勢、耐病性の順に載せ、さらに品種特性（生体、栽培上の留意点、流通、市販評価など）を記述しています。

◆作出者などの人物は敬称略。また、作出組織名などの中には作出当時のままとし、旧称、略称で表記しているものもあります。

◆倍数性とは、ある生物の基本となる染色体数が近縁の種、品種などと比べて増減があること。ブドウは少しずつ異なる19種類（基本数）の染色体をもっており、基本数を1セットにして2倍体は2セット（38）、3倍体は3セット（57）、4倍体は4セット（76）の染色体数をもっていることになります。

◆第1部と第2部の品種写真は成熟期の果房を基本にしていますが栽培面積が多く、重要度の高い1頁扱いの品種については樹園、棚下、幼果、果粒肥大、果粒断面、収穫果房、葉の状態などの写真を加えています。

ブドウ果房の詰め合わせ

● 執筆分担協力者 ●

桑名　篤（福島県農業総合センター果樹研究所）
小林和司（山梨県果樹試験場）
高山典雄（石川県農林総合研究センター農業試験場）
安井淑彦（岡山県農林水産総合センター農業研究所）
東　暁史（農研機構果樹茶業研究部門）

第1部

欧州種・欧亜雑種の ブドウ品種

棚下に広がる紫苑(欧州種)の果房

欧州種などの分布と品種特性

欧州種と米国系品種

　ブドウはブドウ科ブドウ属（学名：*Vitis*）のつる性木本植物である。そして欧州種（ヨーロッパブドウ）は学名：*Vitis vinifera* L.である。欧州種とその他の雑種を交配した、性質が欧州種に近いものを「欧州系品種」と類別する場合もある。

　欧州種はアジア西部に原生し、コーカサス、カスピ海沿岸諸国からエジプト、ギリシャを経て、地中海沿岸諸国へ伝搬するとともに中央アジア、中国へも伝搬し改良されてきた。欧州種の特徴は、夏季温暖で降水量の少ない地域が原産であるから、耐乾性は強いが耐寒性は弱い。雨の多い気候の日本では病害が発生しやすく、栽培は困難であることが多い。

　一方、米国系品種は雨に強い。その理由は、葉を比べてみればわかる。米国系の葉は厚く、多くは綿毛、絨毛を被っていて、雨水を弾く力があるが、欧州系品種の中には有毛系（オキシデンタリス系）もあるが、多くは無毛系（オリエンタリス系）で葉が薄く、綿毛、絨毛を持っていない。テカテカとした、被膜が反射するような滑葉で無毛である。だから雨水は表面にも裏面にもべったり付着してしまうのである。

　菌類にとっては綿毛や絨毛に分け入って侵入するのは難しいが、無毛で滑葉なら侵入は簡単である。また、菌類は水分があると遊泳して侵入できる。欧州の、雨の少ない乾燥地では水分不足で菌類は動き回れないのである。

　欧州種は長い栽培の中から、果皮が薄く、皮ごと食べられる品種が選抜されて普及してきた。欧州人はブドウを丸ごと食べる習慣が身についている。欧州種は雨の多い日本の気候下では果皮が薄く、弱いので、果皮の厚い米国系品種とは異なり、水分過多のため裂果してしまう品種が多い。

　明治初期に導入された欧州種の多くは、残念ながら、病害にたいする防除法も知らず、防除薬もなく、ほとんど栽培に失敗して枯死してしまったのである。しかし、果実品質は優れたものが多く、岡山県ではガラス室栽培のマスカットオブアレキサンドリアがかろうじて命脈を保ち、継続的に生産されており、現在でも高級な贈答用品種として、名声がある。その後、ビニール被覆による施設栽培が普及して、雨に弱い欧州種の栽培も全国各地で可能になってきている。

日本で栽培される欧州種

　これまで日本で栽培されてきた主な欧州種は、リザマート、バラディー、カッタクルガン、ピッテロビアンコ、マスカットオブアレキサンドリア、紅アレキなどがある。これらはそれぞれ原産地から導入した品種である。一方、民間育種を中心に欧州種どうしの交配が行われ、ロザリオビアンコ（ロザキ×マスカットオブアレキサンドリア）、ロザリオロッソ（ロザリオビアンコ×ルビーオクヤマ）、マニキュアフィンガー（ユニコーン×バラディー）などが作出され、これらは純欧州種である。

　その他、東洋系欧州種と呼ばれる甲州、甲州三尺などは、欧州種に東洋系野生種が交雑した品種で、純粋の欧州種ではないが、形質はほぼ欧州種に近い。古い品種だが、欧州種のマスカットオブアレキサンドリアに甲州三尺を交配したネオマスカットがある。厳密に言うと、ネオマスカットは純粋な欧州種ではないが、品質は欧州種のように優れており、これらも欧州種に含めて分類している。

　その後、ネオマスカットを親にした甲斐路（フレームトーケー×ネオマスカット）、

その変異種の赤嶺、瀬戸ジャイアンツ（グザルカラー×ネオマスカット）が生まれた。さらに甲斐路を親にしたルーベルマスカット（甲斐路×紅アレキ）、マスカットビオレ（甲斐路×紅アレキ）、ウインク（ルーベルマスカット×甲斐路）、甲斐乙女（ルーベルマスカット×甲斐路）が作出されている。これらの品種は欧州系的な高い品質を持ちながら、東洋系品種のよさである果皮の厚さと強靭さがあり、裂果がない、または裂果が非常に少ないという利点がある。

つまり、日本の多雨気候に耐える強靭さを持った、限りなく欧州種に近い品種であり、必ずしも施設栽培はしなくてもよい。比較的降雨量の少ない果物産地ならば露地栽培ができるという強みを持った品種群が生まれているわけである。

日本最古の品種である甲州種は、欧州系の遺伝子を約75％含んでいる。残りの遺伝子は、中国の野生種の遺伝子（約25％）だという。つまり、中国から1000年ほど前に種で持ち込まれた品種であることが遺伝子の解析で証明されている。

この甲州種から造られたワインの香りに、フランスのワイン専用品種ソービニヨンブランのワインと同じ柑橘系の香り（メルカプトヘキサノール）が見つかっている。日本原産の甲州ワインが国際的に評価されるようになったのには、1000年前からの深いつながりが見つかったことで理解できる。甲州種は樹勢が強く、耐病性があり、裂果もなく、1000年の歴史に耐えた貴重な品種なのである。現在（2018年）、白ワイン用として第1位の甲州はその重要性が再確認されている。

世界で多いワイン用欧州種

さて、世界のブドウに目を転じてみると、栽培面積で圧倒的に多いのがワイン用欧州種である。全世界で約750万ha（2014年）ある。日本は1万7000ha（39位）で、欧米雑種が主であり、世界の統計で日本の欧州

ワイン用の欧州種ピノノワール

種は無視されるくらい少ない。ヨーロッパ人がワインを水代わりにたくさん飲んでいた頃は、世界のブドウ畑は1000万haを超えていた。そして、そのほとんどがワイン用の欧州種だったわけである。現在、世界1位はスペイン（約100万ha）、2位は中国、フランス、イタリアが続き、ＥＵ諸国が50％、その他諸国が50％になる。ブドウ栽培面積の上位の国は米国、トルコ、オーストラリア、ニュージーランド、南米諸国、南アフリカ共和国などがあるが、それらの国々はすべて降雨量の少ない、欧州種が栽培しやすい広大な地域のある国ばかりなのである。

戦後に発展してきた日本では数次のワインブームがあり、ようやくワインの消費が増加してきている。最近は日本ワインを自社畑でブドウを育てて造ろうという機運が盛り上がりつつある。

欧州系品種でみれば、メルロー、シャルドネ、カベルネソービニヨンが主力である。メルローとシャルドネは日本でもいいワインが造れるようになり、国際的レベルに達しているワイナリーが多くなっている。ワイナリーも全国的に増加している。

特に北海道ではドイツ系の欧州種の栽培が多いが、最近は温暖化の影響で、フランス原産のピノノワールが栽培可能になってきている。北海道は平地が多く土地が広大であり、日本のワインはこれから発展していく可能性が高い。

第1部　欧州種・欧亜雑種のブドウ品種　　13

棚下の果房（8月下旬）

花房の状態

サニードルチェ
Sunny Dolce　【生食用】

　系統：欧州種　作出：山梨県果樹試験場（2009年品種登録）　交配親：バラディー×ルビーオクヤマ　倍数性：2倍体　熟期：8月下旬　収量：中位　果皮色：鮮紅　果粒形：長楕円　果粒重：11〜13g　肉質：崩壊性　糖度：17〜18度　樹勢：強　耐病性：やや弱

● 品種特性

　本種は山梨県果樹試験場が育種した品質の高い純欧州種どうしの交配である。品種名のサニーは「太陽」を表し、ドルチェはイタリア語で「甘い」の意。花房は雄ずい反転性でジベレリン処理しないとひどく花流れするから、満開時のジベレリン処理は必須である。満開時と15日後の2回、25ppmにてジベレリン処理する。2回目処理にはフルメットを混用する。果房は密着形で摘粒を要す。円筒形房で500〜600gに整房する。外観は優美である。種なしで皮ごと食べられる。肉質は硬く、母親のバラディーの硬さと父親のやや軟らかいルビーオクヤマの中間程度である。果汁が垂れず、歯ごたえがいいから現代の消費者に好まれる。糖度も18度と高く、酸抜けがよく、渋みはない。青リンゴに似た独特な香りと、爽快な風味があり、両親の長所を受け継いでいる。直光着色だから着色が始まったら紙袋を外し、透明か梨地の塩化ビニール傘に替え、房に光を当てると着色が揃う。枝葉を手入れして、棚を明るくし、房によく日が当たるように管理するとよい。果皮が薄く、裂果しやすいので被覆栽培が望ましい。過熟になると果粒先端が萎縮することがあるから、2回目のジベレリン処理時にやや濃い目（3〜5ppm）のフルメットを混用すると果粒は肥大し、果粒先端の萎縮を防ぐことができる。裂果の心配もあり、できれば被覆栽培が望ましい。

　樹勢は強く、発芽も揃い、花芽の着生もよい。短梢栽培も可能だが、樹勢が強く徒長的になりやすいので、樹幹を拡大させる長梢栽培が理想である。栽培や防除は、特性がよく似ている甲斐路に準じて行う。

カサかけの果房

果粒縦断面と粒形

葉（8月下旬）

ロザリオビアンコ
Rosario Bianco　【生食用】

系統：欧州種　作出：山梨県の植原宣紘（1976年交配、1987年品種登録）　交配親：ロザキ×マスカットオブアレキサンドリア　倍数性：2倍体　熟期：9月上旬～中旬　収量：多　果皮色：黄緑　果粒形：楕円～倒卵形　果粒重：8～14g　肉質：崩壊性　糖度：20～21度　樹勢：強　耐病性：やや弱

● 品種特性

欧州種の代表的な名門品種どうしを交配した欧州種。円錐形大房で粒着よく摘粒して40粒程度の房（500～600g）に整形するとよい。完熟してもロザキのような褐色の斑点の発生は少なく、外観は優美である。肉質はやや締まり、ロザキに似てまろやかで多汁。食味は上品で糖度高く、品質は極上で消費者に人気がある。酸は少なくマスカットの香りはほとんどなくあっさりした味わいである。果梗は甲斐路のように太くはないが、脱粒がなく、日持ち、棚持ちがよく、輸送性、貯蔵性は強い。大木化すると樹の寿命も長い。

同じ黄緑色のネオマスカットより果粒も大きく、本種はネオマスカットに替わり、山梨県を中心に本州各県に普及した。最近は皮ごと食べられる種なしのシャインマスカットが人気になり、本種の栽培は徐々に減少。2014年、ブドウ栽培面積の順位は12位である。

樹勢は旺盛であるが、欠点は萌芽が遅く、不揃いであり、徒長枝はこの傾向が強い。樹冠を広げ、樹勢が落ち着くと萌芽が揃い、生産は安定する。防除、栽培法は甲斐路などの欧州種に準じて行う。裂果がないため山形県以南の降雨の少ない地域では露地栽培が可能である。

満開15～20日後に25ppmにてジベレリン処理すれば果粒肥大と果梗の強化があり、品質は向上する。2回処理による種なし化は果粒の肥大が悪く普及していない。

棚下の果房（9月上旬）

果粒縦断面と粒形　　仕上げ作業（9月上旬）

甲斐路
Kaiji

生食用

系統：欧州種　作出：山梨県の植原正蔵（1955年交配、1977年品種登録）　交配親：フレームトーケー×ネオマスカット　倍数性：2倍体　熟期：9月下旬～10月中旬　収量：中～多　果皮色：鮮紅　果粒形；先尖り卵形　果粒重：8～16g　肉質：崩壊性　糖度：18～23度　樹勢：強　耐病性：弱

● 品種特性

筆者の父・正蔵の最高傑作品種。品質は優れていたが栽培が難しく、試作を続け、約20年後に品種登録された。日本の気候下で栽培可能な「赤いマスカット」と呼べる純粋欧州種であり、ほのかなマスカット香を持ち、果皮が強靭で降雨があっても裂果しない。純欧州種は果皮が薄く、多雨の日本では露地栽培するとほとんど裂果してしまう。そのため、果皮が厚く、裂果しない巨峰やデラウェアなどの欧米雑種が日本の主要品種なのである。

本種は円錐形甚大房400～600g。粒着適度で摘粒は親のネオマスカットよりはるかに容易。ピンクがかった鮮紅色で果粉は多く、外観は優美である。果芯が太く長く、脱粒しないから日持ち、棚持ちがよく、輸送性、貯蔵性は最強である。果肉は締まっているが欧州種としては軟らかく多汁で、糖度が高く、こく、うまみがあり、消費者人気が高い。渋みなく、酸も高くないので食べやすい。

樹勢は旺盛で樹冠は拡大し、豊産。一樹で1500房ならせたこともある。耐病性は弱く、防除を徹底しないと栽培は成功しないが、市価は高値が続き、普及の最盛期にはいちばん収益が高かった。多雨地での栽培は難しく、降雨の少ない山梨県の主要品種であった。

果皮が厚く、皮ごと食べられないことと、ジベレリンに敏感で種なし化ができず、最近、本種の栽培は減少している。2014年のブドウ栽培面積のランクは22位である。

果粒肥大期（7月中旬）

果粒縦断面と粒形

葉（7月中旬）

赤嶺
Sekirei　　生食用

系統：欧州種　作出：山梨県の三沢昭（甲斐路の突然変異種、1980年品種登録）　倍数性：2倍体　熟期：9月初旬〜中旬　収量：中位〜多　果皮色：鮮紅　果粒形：先尖り卵形　果粒重：8〜15g　肉質：崩壊性　糖度：17〜22度　樹勢：強　耐病性：弱

●品種特性

甲斐路の枝変わりで約20日も早熟化した品種。発表当時、人気になり、山梨県で大普及した。当初は「早生甲斐路」と呼ばれていたが、晩熟の甲斐路が赤嶺に植え替えられて徐々に減少し、その後は本種のほうが「甲斐路」として市場出荷されるようになっている。もとの甲斐路はだんだん少なくなり、「本甲斐路」と呼ばざるをえない実情である。

着色良好で、色素分析の結果、アントシアニン色素が甲斐路の3倍も含まれているため、果粒の根元まで完全着色する。傾斜地で土壌条件がよいと紫紅色を帯びることもある。特性は甲斐路とほぼ同じである。濃厚なうまみは甲斐路が勝るが、赤嶺も十分においしい品種である。果梗が強く、棚持ち、日持ちがよく、観光園では11月までならせておける。果皮が強く、裂果性がなく、甲斐路より耐病性もやや強く、難しい甲斐路より栽培が容易である。被覆栽培しても着色に問題はなく、東北以南であれば、欧州種ではあるが、多雨地でも栽培可能である。栽培・防除は甲斐路に準じて行う。

甲斐路と赤嶺はジベレリンに過敏に反応して果梗が硬化し過ぎ、種なし化が難しく、その後それほど普及はしていない。2014年のブドウ栽培面積で赤嶺は11位にランクされている。

果粒肥大期（7月中旬）

果粒縦断面と粒形　　葉（7月中旬）

ネオマスカット
Neo Muscat　　**生食用**

　系統：欧州種　作出：岡山県の広田盛正（1925年交配、1932年命名）　交配親：マスカットオブアレキサンドリア×甲州三尺　倍数性：2倍体　熟期：9月上旬～下旬　収量：多　果皮色：黄緑　果粒形：楕円　果粒重：7～10g　肉質：崩壊性　糖度：16～23度　樹勢：強　耐病性：中位

● **品種特性**

　長大房だが、花流れなく密着する。開花前に房作りして、幼果期に摘粒し、円筒形、400～500g程度に整房する。顕著なマスカット香があり、果皮は強靭で、裂果しないから露地栽培ができる大衆的なマスカット品種である。

　岡山県で生まれた品種だが、マスカットオブアレキサンドリアの栽培が盛んな岡山県より、ネオマスカットは山梨県が主産地となり、戦後の経済復興期に爆発的に栽培された。山梨県の栽培面積は、最盛期には1000haを超えた。

　アレキサンドリアのうまみがあり、品質高く、豊産で日持ちもよく、脱粒もない。樹勢は旺盛で強健である。耐病性も欧州種としては強く、大普及した。その後、甲斐路やロザリオビアンコが人気になって栽培面積が減少している。10年前からシャインマスカットが登場して人気化しているので、種ありで皮ごと食べられない、果粒も小さいネオマスカットは伸び悩むであろう。

　しかし、戦後の日本の復興期にブドウ産業界に貢献した功績は大きい品種である。2014年のブドウ栽培面積は27位にランクされている。

雨よけハウスの樹（樹齢30年）

切り口などから樹液が出るブリーディング

ルーベルマスカット
Rubel Muscat 【生食用】

系統：欧州種　作出：山梨県の原田富一（1975年交配、1987年品種登録）　交配親：甲斐路×紅アレキ　倍数性：2倍体　熟期：9月中旬〜下旬　収量：中位　果皮色：鮮紅　果粒形：短楕円形　果粒重：10〜14g　肉質：崩壊性　糖度：19〜21度　樹勢：強　耐病性：やや弱

●品種特性

本種は鮮紅色品種であるが、紫紅黒色のマスカットビオレと兄弟品種である。ビオレは父親の紅アレキに似た着色である。兄弟である本種は、母親の甲斐路の色に似たのであろう。ルーベルはルビー色の意である。

香りはないが糖度が高く、食味、外観は非常に優秀で、しかも果皮の厚さは中で、裂果は少ない。果皮と果肉の分離は難だが、果皮は剥きやすい。果肉はよく締まり、果汁は少ない。果梗は強く、日持ちもよい。親の甲斐路のような縮果病がなく、甲斐路より着色が容易で、巨峰用の紙袋内でも鮮紅色に着色する。魅力的な濃い鮮紅色であるが、紫みは含まない。

難点は花流れが少なく、粒が密着し過ぎ、通常の品種の数倍も実止まりするので、摘粒に労力を要することである。樹勢が強いので、樹冠を広げ、弱剪定にすれば枝が落ち着き、単為結果が少なくなり、摘粒も比較的容易になる。栽培、防除は甲斐路に準じて行えばいい。

作出者の子息の原田員男は、開花直前にジベレリン処理（100ppm）を1回することで本種の種なし化に成功し、「ルーベルシードレス」として出荷しており、市場に好評を博している。着色良好で、高温下の栽培、ハウス栽培にも向くので、甲斐路をより高級化した、甲斐路よりは適地の幅が広い品種として、人気のある欧州種である。

果粒肥大期（7月中旬）

果粒縦断面と粒形　　葉（8月下旬）

マスカット オブ アレキサンドリア 生食用
Muscat of Alexandria

系統：欧州種　作出：アフリカ原産で紀元前から栽培されている　交配親：不詳　倍数性：2倍体　熟期：9月下旬～10月上旬　収量：多　果皮色：黄緑　果粒形：倒卵形　果粒重：8～16g　肉質：崩壊性　糖度：16～21度　樹勢：旺盛　耐病性：やや弱

●品種特性

世界的に著名な品種である。日本には明治初期に導入され、岡山県の温室ブドウとして定着している。こくのあるうまみ、品位があり、品質絶佳。マスカット香が強く、贈答用として100年を超える伝統がある。果皮が強く、裂果、脱粒はない。亜熱帯産の品種であり、乾燥を好み、高温を要するので、ガラス室などの施設栽培が望ましい。東北以北での経済栽培は困難である。耐病性は純欧州種だから弱いが、岡山では、栽培歴が長く、施設栽培法・防除体系が完成し、安定生産している。

樹勢は旺盛だが、花芽分化がよく、短梢栽培にも適す。摘粒するとボリューム感ある大粒になる。裂果性がなく、本種を親としてネオマスカットや甲斐路、ロザリオビアンコなどが生まれた。近年、交配の両親に本種の遺伝子を持ったシャインマスカットが国の研究機関から生まれ、マスカット香を持ち、種なし化して皮ごと食べられるということから空前の大ヒット品種になっている。

このように、本種は日本における品種改良の親として偉大な役割を担っており、ブドウのうまさはこのアレキサンドリアに由来しているといっても過言ではない。2014年のブドウ栽培面積は21位にランクされているが、残念ながら人気のシャインマスカットに植え替えられて減少傾向にある。

雨よけハウスの樹

着色始めの果房

主枝の延長方向

マスカットビオレ
Muscat Violet 　　**生食用**

系統：欧州種　作出：山梨県の原田富一（1975年交配、1987年品種登録）　交配親：甲斐路×紅アレキ　倍数性：2倍体　熟期：9月中旬～下旬　収量：多　果皮色：紫紅黒　果粒形：短楕円　果粒重：10～13g　肉質：崩壊性　糖度：19～21度　樹勢：強　耐病性：やや強

● **品種特性**

ビオレはフランス語でスミレ色、紫色の意。着色良好であり、マスカット香を持つのでマスカットビオレと命名された。円錐形大房、花流れなく、密着房になり摘粒を要するが、マスカットベーリーA程度の軽い摘粒でよく、省力的栽培ができる。欧州種であるが、両親とも裂果がなく、その性質を受け継いだ本種の果皮は厚く、裂果の心配はない。ただし、果皮が厚く、皮ごと食べるのは難しい。果皮と果肉の分離はやや難であり、皮を剝いて食べるとよい。果梗は強く、脱粒性なく、棚持ちがよく、日持ちもよい。濃い紫紅色～紫黒色ではっきりしたマスカット香があり、これが本種の魅力になっている。熟期は9月中旬～下旬でやや遅い。

両親より耐病性が強く、長年栽培しているが、病気で困ったことはない。栽培ははなはだ容易である。甲斐路のような縮果病はなく、色と香りに人気のあったヒロハンブルグに似ているが、果皮を剝くのが困難で食べにくかったヒロハンブルグに比べ、食味はよく食べやすく、黒色欧州系品種の少ない中では貴重な品種である。

やや熟期の遅い甲斐路との詰め合わせは熟期が揃い、色どりがよく、日持ちのいいロザリオビアンコに合わせると、赤・白・黒の三色が揃い、これらは欧州種の組み合わせであるからいずれも輸送性があり、遠方に送っても巨峰系品種のような脱粒や荷痛みが少ない。9月中旬～下旬の宅配による贈答販売の最盛期には欠かせない品種なのである。

第1部　欧州種・欧亜雑種のブドウ品種　21

棚下の果房

果粒の形状

花穂と新梢

マリオ
Mario

生食用

系統：欧州種　作出：山梨県の植原宣紘（1970年交配）　交配親：リザマート×ネオマスカット　倍数性：2倍体　熟期：8月下旬　収量：中位　果皮色：紫紅黒　果粒形：楕円～長卵形　果粒重：15～25g　肉質：崩壊性　糖度：18～23度　樹勢：強　耐病性：やや強

● **品種特性**

本種は30歳だった筆者が、父親の望んだ交配親の指示を受けて、交配した株から選んだもので、父親の最後の育種への思いを代行した思い出深い品種である。父の作出した甲斐路は1100号、最後のマリオは4102号だったと記憶している。親のリザマートによく似た果粒形であるが、果皮が厚くなり、リザマートより裂果が少なく、降雨の少ない地域では露地栽培もできる。作出した頃はジベレリン処理する技術もなかったが、その後、ジベレリン処理2回で種なしになり、フルメットを使うと30gに近い巨大粒になったので、そのボリューム感のすごさに育種した私が驚いた。自然栽培では想像もできない果粒の大きさで、果粒の形も偏円形になり、親のリザマートを越える巨大粒になった。ただし、大粒化すると親のリザマートに似て果皮が薄く、裂果しやすくなるので、被覆栽培するのが安全である。

本種は特有なヴィノス香があり、糖度も高く、多汁で肉質はリザマートよりは軟らかく日本人好みである。果皮は薄く、皮ごと食べられる。着色は良好で、紫紅色から完熟すると紫黒色に着色する。

茨城県農業試験場では本種の栽培実験を行い、裂果を防ぐため被覆栽培施設の中で土を盛り上げて本種を高植えした。配水チューブの穴からボタボタと水を垂らすドリップ灌水で土壌水分をコントロールして、一定の水分含量を保つ栽培法を行い、裂果を防ぎ、ブドウ品種随一のボリューム感ある巨大粒・巨大房のマリオ栽培法を確立。茨城県下のブドウ産地に普及をはかり、地元に貢献している。

棚下の果房（8月下旬）

果粒縦断面と粒形

葉（7月中旬）

瀬戸ジャイアンツ
Seto Giants
生食用

系統：欧州種　作出：岡山県の花澤茂（1979年交配、1989年品種登録）　交配親：グザルカラー×ネオマスカット　倍数性：2倍体　熟期：9月初旬～下旬　収量：多　果皮色：黄緑　果粒形：偏円筒卵形　果粒重：14～20g　肉質：崩壊性　糖度：17～19度　樹勢：強　耐病性：弱

● **品種特性**

2倍体黄緑品種では、20gに達する最大粒である。皮ごと食べられるカッタクルガンは果皮が薄く、裂果しやすいが、本種はネオマスカットの遺伝子を受け継いで、やや果皮が厚く、裂果に強く、種なしになるため消費者の人気が高い。

雄ずい反転性で花流れしやすいが、開花直後のジベレリン処理（25ppm）で実止まりがよくなり、10日後のジベ処理にフルメット3ppmを混用すると果粒が肥大して種なし化し、粒揃い、外観、食味も良好で、欧米雑種の4倍体品種のような脱粒もない。香りはないが、皮ごと食べられ、品質は高い。市価も高く、高収益が得られるため栽培者が増え、岡山県を中心にビニール被覆栽培が普及している。

樹勢はきわめて旺盛であるが、ジベ処理とフルメットの使用で生産が安定し、短梢栽培が可能である。純欧州種であるから耐病性には注意が必要で、やはり被覆栽培が望ましい。日持ちはいいが、完熟するとしみ状の汚れが生じることがある。

皮ごと食べられるシャインマスカットが今大人気であるが、本種がその先鞭をつけて、皮ごと食べるブドウのブームを呼んだ最初の品種である。2014年のブドウ栽培面積は19位にランクされている。

棚下の果房

果粒縦断面と粒形　　葉（9月上旬）

紫苑
Shien　生食用

系統：欧州種　作出：山梨県の植原宣紘（1983年交配）　交配親：紅三尺×赤嶺　倍数性：2倍体　熟期：9月下旬～10月中旬　収量：やや多　果皮色：紫紅　果粒形：先尖り楕円形　果粒重：12～14g　肉質：崩壊性　糖度：18～20度　樹勢：強　耐病性：やや強

● 品種特性

作りやすい大粒、大房種である。親の紅三尺を大粒大房化したような品種で、糖度高く、多汁である。果皮強く、裂果はない。1回目は満開期にストレプトマイシンを混用してジベレリン処理（25ppm）し、2回目はその15日後に同じ濃度でジベ処理すれば、種なしになり、より大粒化して肉質も締まる。フルメットを使うと種なし化率が低くなる傾向があり、また、粒が丸くなるなど、問題点もある。

樹勢は強く、耐病性も、紅三尺からくる遺伝子の影響か、欧州種としては強く栽培容易である。

岡山県ではグロコールマンという晩熟の紫黒色大粒品種を施設栽培していたが、ウイルス病があり糖度が低かった。これを組織培養してウイルスフリー化したところ、糖度は高くなったが早熟化して粒も小さくなってしまったという。そこで、糖度の高い赤嶺の子供である晩熟の本種を岡山県では種なし化に成功して栽培するようになった。

岡山県で作出されたネオマスカットは、山梨県が主産地になった。今回は、山梨県で作出された紫苑が岡山県で普及したことがおもしろく、これはネオマスカットの逆のケースである。最近は、関西だけではなく、東京の有名デパートや青果店でも10月から年末にかけて販売されるようになった。

グロコールマン
Gros Colman　　生食用

　系統：欧州種　原産：ロシア南部のコーカサス地方　交配親：不詳　倍数性：2倍体　熟期：10月下旬〜11月中旬　収量：多　果皮色：紫赤〜紫黒　果粒形：短楕円　果粒重：13〜18g　肉質：崩壊性　糖度：13〜18度　樹勢：旺盛　耐病性：やや弱

● 品種特性

　長く岡山県で15ha（2009年）栽培されている晩熟の温室ブドウである。品種名は「大きい石炭」という意味。コーカサスでは石炭は貴重な黒い宝石だったのだ。巨峰のように大粒で、果皮が薄く、皮ごと食べられるが、種ありである。さっぱりした爽やかな食味だが、糖度は高くない。酸味は少ない。冬に暖かい室内で食べる「こたつブドウ」と呼ばれ、お正月まで楽しめた。ウイルス病を組織培養して取り除いたところ、熟期が早まり、糖度が高まり、紫黒色になったが、粒が小さくなって、晩熟種の利点がなくなり、栽培は減少傾向にあるという。

甲斐乙女
kaiotome　　生食用

　系統：欧州種　作出：山梨県の志村富男　交配親：ルーベルマスカット×甲斐路・1987年交配、1998年に品種登録された　倍数性：2倍体　熟期：9月下旬　収量：中位　果皮色：鮮紅　果粒形：短楕円　果粒重：10〜12g　肉質：崩壊性　糖度：18〜20度　樹勢：強　耐病性：やや弱

● 品種特性

　親のルーベルマスカットは甲斐路×紅アレキであり、両親に甲斐路が入っている。同氏作出のウインク（黒色）と兄弟品種である。密着するので摘粒を要す。果皮は厚く、果皮と果肉の分離は難。皮は剥きやすい。裂果はない。肉質は締まり、酸味適度、渋みはない。糖度高く甘いが、やや淡白。外観優美で大房500〜600g。直光着色品種で暖地、平地では着色が難しく、標高の高い傾斜地や山裾ではすばらしい鮮紅色になる。熟期は甲斐路よりやや早い。栽培方法は甲斐路に準じて行えばよい。

第1部　欧州種・欧亜雑種のブドウ品種　25

ブラックフィンガー
Black Finger　　生食用

　系統：欧州種　作出：中国の徐衛東　交配親：マニキュアフィンガーの実生　倍数性：2倍体　熟期：9月上旬　収量：中位　果皮色：紫黒　果粒形：先尖り長楕円　果粒重：10～13g　肉質：崩壊性　糖度：18～20度　樹勢：強　耐病性：やや弱

●品種特性

　中国名は「黒美人指」。親のマニキュアフィンガーの交配親はユニコーン×バラディーである。祖母にあたるユニコーンには紫黒色の遺伝子が入っているから、それが発現したものと思われる。着色は良好で、濃い紫黒色になり、果粉も多い。品質は高く、皮ごと食べられる。降雨が多いと裂果する危険性があり、ビニール被覆栽培が望ましい。

　樹勢は旺盛で大木化するので、樹冠を拡大させ、徒長枝は摘心するといい。マニキュアフィンガーより日焼けの発生は少なく、窒素の少肥栽培や、根域制限すれば、裂果を防げるかもしれない。

秋鈴
Syurei　　生食用

　系統：欧州種　作出：福岡農試　交配親：ルビーシードレス×ハリセフ　倍数性：2倍体　熟期：9月上旬　収量：中位　果皮色：紫赤　果粒形：短楕円形　果粒重：6g（ジベレリン処理すると10g）　肉質：崩壊性　糖度：18度程度　樹勢：中　耐病性：やや弱

●品種特性

　国の委託を受けて1994年に育成され、2010年に出願公表された品種である。着色は容易で省力栽培できる。自然状態で無核であるが、満開14日後に100ppmでジベレリン処理すると10g程度に果粒が肥大する。果皮ごと食べられる種なし品種。酸は少なく、香りはなく、渋みもない。裂果は少ないが、トンネル形のビニール被覆栽培では裂果が発生することがある。40～50粒程度に摘粒して、300～350g程度の房重にすると食味、着色がよい。秋に鈴なりに着色することから秋鈴と命名された。

ユニバラセブン
Unibala Seven 〔生食用〕

　系統：欧州種　作出：山梨県の植原宣紘　交配親：ユニコーン×バラディー（1984年）　倍数性：2倍体　熟期：9月上旬～中旬　収量：やや多　果皮色：黄緑　果粒形：先尖り楕円形　果粒重：7～9g　肉質：崩壊性　糖度：18～20度　樹勢：強　耐病性：やや弱

● 品種特性

　皮ごと食べられるバラディーは品質絶佳であるが、やや淡白である。本種の肉質はやや硬く、バラディーよりは多汁であるが、食味は極上で糖度は高く、バラディーを超えるうまさがある。果皮はバラディーよりやや厚く、裂果は少ない。酸は少なく香りはない。摘粒は容易である。果梗は強く脱粒性はない。晩熟のバラディーより熟期が早く、他の品種との詰め合わせにもよく、日本人好みのバラディーの改良種といえる。若木の間は房つきが少ないが、年を経るとだんだん大房で豊産性となり、大器晩成型品種である。

ブラジル
Brazil 〔生食用〕

　系統：欧州種　原産：ブラジルの高倉サダオ（1993年発見）　交配親：紅高の芽条変異種　倍数性：2倍体　熟期：9月中旬～下旬　収量：中位　果皮色：紫黒　果粒形：短楕円　果粒重：8～10g　肉質：崩壊性　糖度：18～19度　樹勢：強　耐病性：やや弱

● 品種特性

　もとの品種はイタリア（黄緑色）で、それが紅高（紫紅色）に芽条変異し、さらにそれから紫黒色のブラジルが生まれた。ブドウ色素の遺伝子はほとんど潜在的に持っていて、スイッチがオンになったりオフになったりして子孫に伝わるのだろう。品種特性はほぼ同じで、発現する色素だけが異なるのである。熟期は紅高よりやや遅いが着色は揃い、良好である。裂果は少ない。イタリアは国が期待して国名をつけた品種である。その命名にちなんで、ブラジルは国名で呼ばれたのだからその期待度は想像できる。外観優美で品質も高く、本種も国際的な品種になりそうである。

ウインク
Wink　　生食用

　系統：欧州種　作出：山梨県の志村富男（1987年交配）　交配親：ルーベルマスカット×甲斐路（1998年品種登録）　倍数性：2倍体　熟期：9月中旬〜下旬　収量：中位　果皮色：紫黒　果粒形：短楕円〜卵形　果粒重：10〜12g　肉質：崩壊性　糖度：19〜21度　樹勢：強　耐病性：やや弱

●品種特性

　甲斐乙女と交配親は同じであり、紫黒色の甲斐路というような品種である。花粉厚く外観優美。400〜500gの大房で着色良好である。果皮の厚さは中、裂果は少ない。糖度は高いが、食味は淡白。花流れは少なく密着するので摘粒が必要である。果梗は甲斐路のように太く、脱粒性なく、日持ちはよい。甲斐路より耐病性は強く、栽培容易。栽培法は甲斐路に準じて行う。露地栽培できる紫黒色の欧州種は貴重で、輸送性も高く、詰め合わせ品種に適している。

紅高
Benitaka　　生食用

　系統：欧州種　原産：ブラジルの高倉サダオ（1988年発見）　交配親：イタリア種（黄緑色）の芽条変異　倍数性：2倍体　熟期：9月上旬〜中旬　収量：中位　果皮色：紫紅　果粒形：短楕円　果粒重：8〜10g　肉質：崩壊性　糖度：18〜19度　樹勢：強　耐病性：やや弱

●品種特性

　ブラジルでは芽条変異が多く、ルビーオクヤマも同じくイタリアの変異種であるが、本種はルビーオクヤマより色素が濃く、暑いブラジル国内では本種がルビーオクヤマよりいっせいに着色し、着色良好なため急速に普及している。甲斐路の早熟変異種である赤嶺と本種は似たような関係で、ビニールハウス内でも濃い紫紅色になる。その他の特性はルビーオクヤマとよく似ているが、食味はややルビーオクヤマがよい。糖度は十分高い。果皮は厚く裂果は少ない。マスカット香がややあり、爽やかな食味である。ルビーオクヤマを超えて、紅高は裂果が少なく、着色が優れていて、全世界に普及する可能性がある。

ロザリオロッソ
Rosario Rosso 〔生食用〕

　系統：欧州種　作出：山梨県の植原宣紘（1984年交配）　交配親：ロザリオビアンコ×ルビーオクヤマ　倍数性：2倍体　熟期：9月上旬～中旬　収量：中位　果皮色：鮮紅　果粒形：楕円形　果粒重：10～11g　肉質：崩壊性　糖度：18～20度　樹勢：やや強　耐病性：やや弱

●品種特性

　円錐形大房400～600gで外観優美。ロッソはイタリア語で赤の意。ロザリオビアンコを赤くした品種である。花流れなく、摘粒を要するが、比較的容易で栽培しやすい。果皮はやや厚く裂果しない。食味はよく、こくがありロザリオビアンコに近い。酸は適度で、香りはないが、ルビーオクヤマのような渋みはなく、爽快な風味である。貯蔵性、輸送性よく、脱粒性もない。甲斐路より着色がよく、縮果病もない。欧州種としては耐病性があり、少雨地では露地栽培可能である。

マニキュアフィンガー
Manicure Finger 〔生食用〕

　系統：欧州種　作出：山梨県の植原宣紘（1984年交配）　交配親：ユニコーン×バラディー　倍数性：2倍体　熟期：9月中旬　収量：中位　果皮色：紫紅　果粒形：先尖り長楕円　果粒重：13～15g　肉質：崩壊性　糖度：18～20度　樹勢：強　耐病性：やや弱

●品種特性

　女性の指先に赤いマニキュアをつけたような着色をするユニークな品種で、外観優美である。着色が進むと紫紅色になり、粒も太って15gを超える大粒になる。ジベレリン処理（25ppm）を2回して種なしにする人もいる。フルメットは裂果を誘うので、2～3ppmの薄い濃度にするとよい。皮ごと食べられるが、やや裂果することもあり、被覆栽培が望ましい。中国では露地栽培で普及しており、美人指と呼ばれている。香りはなくあっさりと甘く、肉質も硬く歯ごたえがよい。酸は適度。徐々に大房になり、500～700gの大円錐形長房になる。

第1部　欧州種・欧亜雑種のブドウ品種

ブラックスワン
Black Swan 　　生食用

　系統：欧州種　作出：山梨県の植原宣紘（1984年交配）　交配親：ユニコーン×ピッテロビアンコ　倍数性：2倍体　熟期：9月中旬　収量：中位　果皮色：紫黒　果粒形：勾玉先尖り長楕円形　果粒重：6～8g　肉質：崩壊性　糖度：19～21度　樹勢：やや強　耐病性：やや弱

●品種特性

　高貴な外観で優美。命名は英語で黒い白鳥の意。目標にしていたピッテロビアンコの黒品種がようやく選抜できた。親のユニコーンに似た紫黒色。食味はユニコーンよりうまみがありおいしい。酸は少ない。糖度は高く、完熟すると23度に達する。裂果は少ないが、過熟になると果粒のつけ根がピッテロビアンコのようにやや裂果する。ユニコーンより果皮はやや厚いが、ビニール被覆栽培が安心である。花流れなく密着形で、摘粒は労力を要す。
　樹勢は旺盛だが、強健ではなく、ピッテロビアンコに似て枝の登熟が難しく、細心の夏季管理を要す。

ビッグユニコーン
Big Unicorn 　　生食用

　系統：欧州種　作出：山梨県の植原宣紘（1984年交配）　交配親：ユニコーン×ルビーオクヤマ　倍数性：2倍体　熟期：9月中旬　収量：多　果皮色：紫黒　果粒形：先尖り楕円　果粒重：12～13g　肉質：崩壊性　糖度：15～16度　樹勢：やや強　耐病性：やや弱

●品種特性

　初結果から親のユニコーンより大きい13g（40×24mm）の果粒になり、驚いた。円錐形大房。房作りして400～500gにするとよい。花流れなく豊産。摘粒は比較的容易。着色は良好で、外観優美。ボリューム感があり、ビッグユニコーンと命名した。ユニコーンより裂果が少なく、栽培容易である。香りはない。糖度がやや低いが、酸が少なく、食べやすい。
　脱粒性もなく、果粉も多い。藤色の色調はみごとで、藤の花のように華やかだから、観光園や趣味栽培の観賞用にもいい。

紅ピッテロ　　生食用
Beni Pizzutello

　系統：欧州種　作出：山梨県の植原宣紘（1989年交配）　交配親：ピッテロビアンコ×マニキュアフィンガー　倍数性：2倍体　熟期：9月上旬〜中旬　収量：中位　果皮色：鮮紅　果粒形：先尖り勾玉形　果粒重：5〜8g　肉質：崩壊性　糖度：17〜19度　樹勢：強　耐病性：やや弱

● 品種特性

　勾玉形の指のようなピッテロビアンコは古来有名だが、その赤をようやく作出できた。229粒播種し、最後の1本が鮮紅色だった。円錐形果房で300〜400gになる。酸がややあり、あっさりした食味。果肉はピッテロビアンコよりやや軟らかく、多汁で、香りは少ない。紫みを含まない鮮紅色で美しい。本種の親はピッテロビアンコとユニコーンとパラディーだから、味はあっさりタイプで、マスカットオブアレキサンドリアに似た濃厚なうまさがなく物足りないが、珍奇な外観はアピールする。樹は旺盛強健である。

ジーコ　　生食用
Jieko

　系統：欧州種　作出：山梨県の植原宣紘（1997年交配）　交配親：ロザリオビアンコ×ブラジル　倍数性：2倍体　熟期：8月下旬　収量：やや多　果皮色：紫黒　果粒形：長楕円　果粒重：10〜15g　肉質：崩壊性　糖度：18〜20度　樹勢：強　耐病性：やや弱

● 品種特性

　紫黒色のロザリオビアンコといえる品種で、ロザリオビアンコの味に似る。ブラジルはイタリア種が二度枝変わりした品種であるから、本種はマスカットオブアレキサンドリアとロザキとイタリアの遺伝子を持つ。着色も容易で良好である。食味よく、糖度も高く、ジベレリン処理で種なしになり、果粒も肥大し、果軸も太くなる。皮ごと食べられる。裂果は少ないが、純粋欧州種であるからビニール被覆栽培が望ましい。熟期は比較的早く、ロザリオビアンコより早く、ロザリオロッソとほぼ同期である。樹勢は旺盛で大木化する。

レイトリザマート
Late Rizamat 〔生食用〕

　系統：欧州種　作出：山梨県の植原宣紘（1984年交配）　交配親：マスカットオブアレキサンドリア×リザマート　倍数性：2倍体　熟期：9月中旬～下旬　収量：中位　果皮色：紫紅　果粒形：長楕円　果粒重：9～10g　肉質：崩壊性　糖度：16～19度　樹勢：旺盛　耐病性：やや弱

● 品種特性

　晩熟だが親のリザマートによく似た品種である。ジベレリン処理で種なしになり、皮ごと食べられる。裂果はあるが親のリザマートより少ない。香りはないが、完熟すると糖度が高くなり食味はいい。外観は美麗で着色もよく、8月中旬の早熟なリザマートに対して、本種はいろいろな品種と詰め合わせて利用できる。黄緑色のバラディーは果皮が薄く最も食べやすいが、9月下旬～10月上旬と晩熟過ぎる。その点、レイトリザマートはブドウ収穫シーズンの最盛期に熟し、時期的にいい品種である。

クルガンローズ
Kourgan Rose 〔生食用〕

　系統：欧州種　作出：山梨県の植原宣紘（1985年交配）　交配親：カッタクルガン×赤嶺　倍数性：2倍体　熟期：8月下旬～9月中旬　収量：やや多　果皮色：鮮紅　果粒形：偏円～楕円　果粒重：11～13g　肉質：崩壊性　糖度：20～23度　樹勢：旺盛　耐病性：やや弱

● 品種特性

　カッタクルガンやモルゲンシェーンに似た大粒偏円形で、2回のジベレリン処理25ppmとフルメット3ppmでボリュームある大円錐形房になり、早熟化する。甲斐路のような直光着色品種で、鮮紅色になり外観優美である。果皮は剥きやすく、香りは少ないが果肉適度に硬く、多汁で糖度が高く、食味がいい。果皮ごと食べても渋みはない。短梢栽培にも向き、より大粒になる。赤いカッタクルガンという意味でクルガンローズと命名した。多雨地ではビニール被覆栽培が安全である。

オルフェ
Orphe 　生食用

系統：欧州種　作出：山梨県の植原宣紘（1983年交配）　交配親：ユニコーン×甲斐路　倍数性：2倍体　熟期：8月下旬～9月中旬　収量：中位　果皮色：紫黒　果粒形：俵形～楕円　果粒重：11～17g　肉質：崩壊性　糖度：20～22度　樹勢：旺盛　耐病性：やや弱

● 品種特性

　果粉の非常に厚い、黒色品種で、2倍体でありながら驚くほど巨大粒である。肉質は締まっているが種のまわりは軟らかい。糖度は高く、多汁で、完熟すると22度に達し、酸は少なく、香りも少ない。樹勢旺盛で若い樹の花芽分化は少ないが、しだいに豊産になる。円錐形大房で600gを超え、着色良好である。親のユニコーンに似て多雨の場合は果粒のつけ根が裂果することがあり、樹冠を拡大させるといい。ビニール被覆栽培が安全である。命名は往年の名画「黒いオルフェ」から。

ベビーフィンガー
Baby Finger 　生食用

系統：欧州種　作出：山梨県の植原宣紘（1989年交配）　交配親：ブラックスワン×ピッテロビアンコ　倍数性：2倍体　熟期：9月上旬～中旬　収量：中位　果皮色：黄緑　果粒形：先尖り勾玉形　果粒重：5～8g　肉質：崩壊性　糖度：18～21度　樹勢：強　耐病性：やや弱

● 品種特性

　親のピッテロビアンコと形状はそっくりだが、果肉はやや軟らかく、多汁で糖度は非常に高い。ピッテロビアンコより果皮がやや厚く、裂果は少ないが、果皮ごと食べられる。ジベレリン処理2回で種なしになり、肉質も締まる。見学者の女性が「まあ、かわいい！」と声をあげ、「ベビーフィンガーだわ」と呼んでくれて、品種名が決まった。栽培が難しい親のピッテロビアンコよりは栽培容易であるが、やはりビニール被覆栽培向き品種であり、裂果の危険性が少なくなる。

バナナ
Banana 〔生食用〕

系統：欧州種　作出：山梨県の植原宣紘（1989年交配）　交配親：マニキュアフィンガー×ピッテロビアンコ　倍数性：2倍体　熟期：9月上旬　収量：やや多　果皮色：白黄　果粒形：先尖り勾玉形　果粒重：6～8g　肉質：崩壊性　糖度：17～22度　樹勢：強　耐病性：やや弱

● 品種特性

親のピッテロビアンコより粒が長く、先端が尖っていて、バナナの房のような珍奇な形状がおもしろく、バナナと命名した。糖度は高く、肉質もよく、果皮ごとバリバリ食べられる。果皮が薄いので、多雨時に裂果しやすく、ビニール被覆栽培で、雨水を外に逃がす構造のハウスが望ましい。外観は優美で、親のピッテロビアンコより食味もよく、黄色みが増して完熟すると糖度は20度を超える。人気はあるが、裂果しやすく、安定栽培は容易ではない。観光、直売園では喜ばれている。

バラディー
Baladi 〔生食用〕

系統：欧州種　原産：中近東のレバノン（1960年代旧ソ連より導入）　倍数性：2倍体　熟期：9月下旬　収量：やや多　果皮色：黄緑　果粒形：先尖り長楕円　果粒重：15～20g　肉質：崩壊性　糖度：17～19度　樹勢：強　耐病性：やや強

● 品種特性

肉質は最も締まり、カリカリと歯ごたえがいい。果皮薄く、皮ごと食べられる代表的欧州種。粒着適度で摘粒は容易な省力品種である。品質は極上で、やや裂果があるが、果汁が垂れないので腐敗しない。酸少なく、香りはない。食味はあっさりと上品で、テーブルに飾ると典型的なデザートになる。貯蔵性、輸送性に富み、消費者人気も高い。樹勢旺盛で大木化し、強健で耐病性があり、欧州種としては栽培容易だが、被覆栽培のほうが優品になる。満開2～3日前のジベレリン処理12.5ppmで種なしになり、細長い粒を折って食べられる。

紅鳩
Benibato 　生食用

　系統：欧州種　作出：山梨県の植原宣紘（1983年交配）　交配親：紅三尺×赤嶺　倍数性：2倍体　熟期：9月下旬　収量：中位　果皮色：鮮紅　果粒形：先尖り長楕円　果粒重：11～13g　肉質：崩壊性　糖度：18～20度　樹勢：中　耐病性：やや強

● 品種特性

　非常に美しい鮮紅色で甲斐路の外観に近い優美な品種である。紫黒色の紫苑と兄弟品種。食味は優れ、濃厚なうまみがあり、糖度高く多汁。本種は野鳥に集中的に好まれるから防鳥網が必要である。野鳥は人間以上の味覚をもっているらしい。裂果性はなく、日持ちがよい。親の紅三尺に似て耐病性は強く、強健で栽培容易である。甲斐路に似て、縮果病が発生することがあり、摘粒時に注意し、灌水や摘心を控えること。また実止まりがよく、摘粒に労力を要し、房作り法などにも工夫が必要である。

レッドネヘレスコール
Red Nehelescol 　生食用

　系統：欧州種　作出：山梨県の植原宣紘（1985年交配）　交配親：ネヘレスコール×（甲斐路×CG88435）　倍数性：2倍体　熟期：9月上旬～中旬　収量：豊産　果皮色：鮮紅　果粒形：やや先尖り楕円形　果粒重：4～5g　肉質：塊状　糖度：18～20度　樹勢：旺盛　耐病性：強

● 品種特性

　親は旧約聖書にある最古の品種に甲斐路の子供をかけ合わせた品種。長円錐形巨大房で房が長く、1～3kgを超える。親のネヘレスコールにそっくりな房だが鮮紅色で、観光園の入り口にあれば藤の花のように美しい華麗な外観である。粒着適度で房作りも摘粒もしない自然状態がいい。糖度高く、多汁でうまみがあり、鳥害を受けやすく防鳥網などが必要である。果皮は厚く、裂果しない。果房は長大であるから、房数を制限して新梢5～6本に一房とする。果梗も果芯も強く長持ちする。また、室内にぶら下げてレーズン化するまで楽しめる。

第1部　欧州種・欧亜雑種のブドウ品種　35

紅アレキ
Beni Alexandria

【生食用】

　系統：欧州種　原産：南アフリカ共和国　交配親：マスカットオブアレキサンドリアの芽条変異種　倍数性：2倍体　熟期：9月下旬～10月上旬　収量：中位　果皮色：鮮紅～紫紅　果粒形：短楕円～倒卵形　果粒重：8～16g　肉質：崩壊性　糖度：20～23度　樹勢：中位　耐病性：やや強

●品種特性

　アフリカ最南端の喜望峰の近くで栽培していたマスカットオブアレキサンドリアから突然変異して生まれた赤いマスカット種で、原名はオランダ語でローデハネポートである。形状は親のマスカットオブアレキサンドリアと似ていて、マスカット香も高いが、糖度が非常に高く食味は濃厚で、最高級品種の一つである。栽培の盛んな岡山では鮮紅色が多いが、山梨では紫紅色になる。ガラス室栽培またはビニール室栽培が多く、栽培は比較的容易で、裂果もない。晩熟品種であるためか、栽培面積はさほど多くない。

紅環
Benitamaki

【生食用】

　系統：欧州種　作出：山梨県の植原宣紘（1978年交配）　交配親：カッタクルガン×甲斐路　倍数性：2倍体　熟期：8月下旬～9月上旬　収量：中位　果皮色：鮮紅　果粒形：短楕円　果粒重：13～16g　肉質：崩壊性　糖度：18～22度　樹勢：強　耐病性：やや弱

●品種特性

　本種はシャインマスカットの父親・白南と兄弟品種で、カッタクルガンの果粒形に似て大粒になり偏円形もある。ジベレリン処理2回で種なしになり、フルメット3ppmで果粒は肥大する。酸味と渋みがなく、白南に似て、香りは少ないが、肉質が硬く、歯ごたえがあり、糖度高く、皮ごと食べられ、大変食味がいい。裂果も少ない。酸少なく高糖度であるから、露地栽培では晩腐病になりやすく、被覆栽培が安全である。味は最高だが、着色が難しい。粒の先端は鮮紅色にはなるが、根元はピンク色か黄色で、なかなか全体が赤くはならない。観光園や直売店、贈答用としては人気が高い。

ハイベリー
High Bailey 生食用

　系統：欧州系欧米雑種（？）　作出：岡山県の花澤茂（1977年交配）　交配親：落札のため両親不明（1989年品種登録）　倍数性：2倍体　熟期：8月下旬　収量：多　果皮色：紫黒　果粒形：短楕円〜倒卵　果粒重：12〜18g　肉質：崩壊性　糖度：18〜19度　樹勢：強　耐病性：強

● 品種特性

　雄ずい反転性で着粒は粗であるが、ジベレリン処理2回（25ppm）で種なしになり、ピオーネ級に巨大粒化する。花芽の着生はよく、長円錐形巨大房になる。着色良好で白粉は非常に多く、外観は壮麗である。肉質が締まり、香りは少ないが、ときに微弱なマスカット香がある。爽やかな甘さで高級感がある。果皮はやや厚く、裂果はないが、皮離れは難。脱粒性はなく日持ちは良好である。耐病性も強く、栽培はネオマスカットより容易である。豊産ゆえ結果過多に注意すること。

イタリア
Italia 生食用

　系統：欧州種　作出：イタリアの育種家アンジョレ・ピローバノ　交配親：ビカンヌ×マスカットハンブルグ　倍数性：2倍体　熟期：9月下旬　収量：多　果皮色：白黄　果粒形：短楕円　果粒重：20g　肉質：崩壊性　糖度：18〜20度　樹勢：強　耐病性：やや強

● 品種特性

　イタリア政府が栽培を奨励するため国名をつけるほど力を入れた著名な生食用高級種である。はなはだ大房、楕円形巨大粒で外観優美、品質優良で食味が優れ、完熟すると上品なマスカット香が生ずる。ロザキと並び、イタリアの主要品種である。純粋欧州種であるが果皮が強く、裂果は少ない。樹勢は旺盛で強健であり、耐病性も比較的強く、露地栽培が可能である。ブラジルで本種から枝変わりが多数生まれ、ルビーオクヤマ（鮮紅）、紅高（紫紅）、ブラジル（紫黒）、ビーナス（白黄）などがある。育種上も重要な品種である。

第1部　欧州種・欧亜雑種のブドウ品種　37

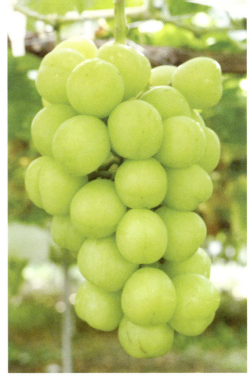

ミニ甲斐路
Minikaiji

生食用

　系統：欧州種　作出：山梨県の植原宣紘（1984年交配）交配親：マスカットオブアレキサンドリア×（甲斐路×CG88435）倍数性：2倍体　熟期：8月中旬　収量：中位　果皮色：鮮紅〜紫紅　果粒形：短楕円〜倒卵　果粒重：8〜10g　肉質：崩壊性　糖度：18〜20度　樹勢：中位　耐病性：やや弱

● 品種特性

　好ましいマスカット香があり、早熟で着色も良好である。肉質はマスカットオブアレキサンドリアよりやや軟だが、多汁で糖度が高く好評である。樹は親のマスカットオブアレキサンドリアに似て、花芽分化がよく短梢栽培に向く。年々大粒になり、ミニ甲斐路と命名したが甲斐路に近い大粒になる。問題はマスカットオブアレキサンドリアやネオマスカットのように実止まりがよく、摘粒に労力がかかることである。裂果は少なく、甲斐路より耐病性は強く、早熟で栽培容易な赤いマスカットといえる。

カッタクルガン
Katta Kourgan

生食用

　系統：欧州種　原産：ロシア南方のウズベク共和国　交配親：不明　倍数性：2倍体　熟期：9月上旬　収量：中位　果皮色：黄緑　果粒形：偏円形　果粒重：15〜20g　肉質：崩壊性　糖度：18〜22度　樹勢：強　やや弱

● 品種特性

　ウズベク共和国のタシケント地方の主要品種。2倍体でありながら巨峰並みの巨大粒になる。幅広い円錐形、はなはだ大房で外観美麗。多汁で食味は数ある欧州種中随一である。果皮が薄く、皮ごと食べられる。香りはない。過熟すると裂果しやすく被覆栽培するとよい。花は雄ずい反転性であるから人工交配していたが、ジベレリン処理2回（25ppm）で種なし化が可能になった。2回目にフルメット3ppmを混用すると20g以上に肥大するから30粒程度に摘粒すると房形がよい。本種はリザマートの親である。

カノンホールマスカット
Cannon Hall Muscat
生食用

　系統：欧州種　原産：イギリス　交配親：マスカットオブアレキサンドリアの突然変異種　倍数性：4倍体　熟期：10月中旬～下旬　収量：少　果皮色：黄緑　果粒形：楕円　果粒重：8～15g　肉質：崩壊性　糖度：18～20度　樹勢：弱　耐病性：弱

● **品種特性**

　イギリスで発見されたマスカットオブアレキサンドリアの4倍体変異種である。楕円形巨大粒であるが、肉質は軟らかく、マスカット香強く、熟期は最晩熟で10月中旬～下旬であり、樹勢も弱いので、ハウス栽培が望ましい品種である。栽培が難しい品種であるから、施設栽培しても保存的栽培であって、経済栽培はおそらくないであろう。むしろ、交配の親として利用されることが多い。一方、このカノンホールマスカットはピオーネの父親とされているが、じつは、本種と似た他品種かもしれないと疑問視する説もある。

マスカットハンブルグ
Muscat Hamburg
生食用

　系統：欧州種　作出：イギリス　交配親：ブラックハンブルグ×マスカットオブアレキサンドリア　倍数性：2倍体　熟期：9月上旬　収量：多　果皮色：紫紅　果粒形：楕円　果粒重：4～6g　肉質：軟らかい　崩壊性　糖度：19～21度　樹勢：中　耐病性：中

● **品種特性**

　英国で交配された強いマスカット香のある有名な品種。果皮の厚さは中、果粉は中、果肉軟らかく多汁である。糖度高く甘みにこくがある。世界には200種以上のマスカット系品種があるが、その中で本種のマスカット香は、赤いマスカットと呼ばれるほど強烈で、世界に知られている。豊産性ではあるが、単為結果の小粒が多く房に混じる欠点があり、摘粒に労力を要す。中国では本種がメイクイシャンと呼ばれ、生食用、ワイン用に大栽培されていたが、日本の巨峰が導入され人気になったため、減少傾向にある。

マスカット甲府
Muscat Kofu 　　**生食用**

　系統：欧州種　作出：山梨県の植原正蔵（1955年交配）　交配親：ネオマスカット×ケニギンデルワインガルデン　倍数性：2倍体　熟期：8月中旬〜下旬　収量：中　果皮色：黄緑　果粒形：楕円　果粒重：7〜9g　肉質：崩壊性　糖度：18〜20度　樹勢：中　耐病性：やや弱

●品種特性

　筆者の父の正蔵が甲斐路を作出した頃の品種で、15日も早熟なマスカット種である。親のネオマスカットと特性はほとんど同じだが、果粒がやや小さい。摘粒はやや容易であり、裂果、脱粒はない。糖度高く、酸味は少なく、強いマスカット香がある。果皮と果肉の分離よく、食味は濃厚である。枝梢がもろく折れやすい欠点があり、粘りがない。ネオマスカットより早熟で食味も濃厚だったから当時の消費者人気は高かったが、その後にジベレリン処理による早熟な種なし品種が増え始め、ネオマスカットとともに、本種の栽培は減少している。

涼玉
Ryogyoku 　　**生食用**

　系統：直産雑種×欧州種　作出：岡山県の花澤茂（1979年交配）　交配親：セイベル9110×ネオマスカット（1989年品種登録）　倍数性：2倍体　熟期：8月下旬〜9月中旬　収量：多　果皮色：黄緑　果粒形：先尖り長卵形　果粒重：5〜6g　肉質：崩壊性　糖度：18〜19度　樹勢：強　耐病性：強

●品種特性

　ピッテロビアンコに似たユニークな粒形でジューシーで爽やかな食味の品種である。ジベレリン2回処理（25ppm）（後期フルメット3ppm加用）で早熟化し、種なしになり、果皮ごと食べられる。ほのかなマスカット香があり、甘酸味のバランスがよい。母親のセイベル9110は直産雑種であり、その系統を受け継いで耐病性は強く、栽培容易である。成熟すると果皮表面にドット状の黒い斑点が現れるが、シュガースポットと呼ばれ、甘みの印であり、病斑ではないのでご安心を。

貝甲干（ベイジャーガン）
Beijiagan　　　　　　　　　【生食用】

　系統：欧州種　原産：中国の新疆ウイグル自治区　交配親：不詳　倍数性：2倍体　熟期：8月下旬〜9月中旬　収量：多　果皮色：黄緑　果粒形：先尖り長楕円〜勾玉形　果粒重：7〜10g　肉質：崩壊性　糖度：18〜20度　樹勢：強　耐病性：やや弱

●品種特性

　トルファンで栽培されている珍しい繭形の粒もある長楕円形の品種。マーナイズ（馬奶子）の変異種といわれ、特性はほぼ同じである。果皮色は黄緑色だが、高温で日照量の多い年には粒の先端がピンク色に染まることもある。外観は優雅で、裂果も少なく、食味は濃厚なうまみがあり、酸少なく、非常においしい。棚持ちもよく、9月下旬まで保つ。放任栽培のトルファンではマーナイズが圧倒的に多かったが、日本のレインカット栽培、被覆栽培では本種がりっぱに栽培できる。育種でも天山の親になっている貴重な品種である。

ネヘレスコール
Nehelescol　　　　　　　　　【生食用】

　系統：欧州種　原産：シリア　交配親：不詳　倍数性：2倍体　熟期：9月下旬　収量：多　果皮色：黄緑　果粒形：卵形　果粒重：3〜4g　肉質：崩壊性　糖度：20〜22度　樹勢：強　耐病性：強

●品種特性

　世界のブドウ品種は6000種以上といわれているが、本種は最古の品種で最大の果房といわれ、10kg以上になる。旧約聖書の中に房に棒を通し、二人の男が担いで運んだブドウの話があるが、おそらく本種のことであろう。花振るいなく、果梗が強く、脱粒もなく、円錐形巨大房で観賞用には最適である。きわめて強健であり、栽培容易。収穫後、室内に飾っておくとレーズン（干しブドウ）にもなる。観光園の入り口に植えると、長い房がたわわに並び、観光客に喜ばれる。ただし、房数を制限し、結果過多にはくれぐれもご用心を。

ピッテロビアンコ
Pizzutello Bianco 【生食用】

　系統：欧州種　原産：イタリアまたは北アフリカ　交配親：不詳　倍数性：2倍体　熟期：9月下旬〜10月上旬　収量：中位　果皮色：黄緑　果粒形：先尖り勾玉形　果粒重：6〜8g　肉質：崩壊性　糖度：17〜20度　樹勢：強　耐病性：弱

●品種特性

　珍奇な勾玉形の果粒で古来有名な品種。別名はレディーフィンガー（淑女の指）とも呼ばれる。最も優美で芸術作品のごとし。品質は極上で果皮が薄く、皮ごと食べられる。肉質も締まり、酸は少なく上品だが、香りはない。詰め合わせの中に一房入れると豪華になり、高級果物店のお気に入り品種である。裂果しやすく、温室、被覆栽培がよく、枝葉には十分な光線が必要である。露地栽培は難しく、日照が多く、降雨の少ない恵まれた気候の地域に優品ができる。ジベレリン処理するとより早熟の種なしになり、果粒も肥大し、食べやすくなる。

リザマート
Rizamat 【生食用】

　系統：欧州種　作出：旧ソ連のウズベク地方　交配親：カッタクルガン×パルケントスキー　倍数性：2倍体　熟期：8月中旬　収量：中位　果皮色：鮮紅〜紫紅　果粒形：円筒〜長楕円形　果粒重：13〜25g　肉質：崩壊性　糖度：18〜23度　樹勢：強　耐病性：弱

●品種特性

　旧ソ連の驚異的な最高級品種である。皮ごと食べられ、一粒で果物になり、ジベレリン処理で種なしになり、フルメットを併用すると25gの巨大粒にもなる。肉質がよく、食味は最高である。香りはない。果粉多く、外観、品質、糖度、食味は絶品でブドウ中随一のすばらしい品種である。しかし、果皮が薄いので最も裂果しやすく、栽培ははなはだ難しい。被覆栽培向き品種であり、裂果を避けるには、摘粒して房重を400g以下に抑え、すみやかに着色するよう房数を制限するといい。結果過多にすると着色が長引き、裂果で全滅してしまう。

アルフォンスラヴァレー 〔生食用〕
Alphonse Lavallée

　系統：欧州種　原産：フランス　交配親：不詳　倍数性：2倍体　熟期：8月下旬　収量：多　果皮色：紫黒　果粒形：偏円　果粒重：8〜12g　肉質：崩壊性　糖度：18〜19度　樹勢：強　耐病性：やや弱

● 品種特性

　ヨーロッパやカリフォルニアにおける有名な生食用高級品種。巨大粒、はなはだ大房で品質はすばらしく、肉質締まり、酸味少なく、果皮が薄く皮ごと食べる典型的な欧州種である。欧州種を代表する大粒紫黒色品種といえる。裂果しやすいから日本では被覆栽培が安全である。着色良好、豊産で日持ちもよい。香りは少ない。ローヤルが輸入されているが、これは本種の早熟枝変わりである。また、カリフォルニア、チリなどから輸入されるリビエー（またはリビエール）は本種の別名である。

紅三尺 〔生食用〕
Benisanjaku

　系統：欧州種　作出：岡山県の広田盛正（交配）　交配親：甲州三尺×フレームトーケー　倍数性：2倍体　熟期：9月中旬　収量：多　果皮色：紫紅　果粒形：長卵形　果粒重：7〜9g　肉質：崩壊性　糖度：15〜18度　樹勢：強　耐病性：強

● 品種特性

　ネオマスカットを作出した広田盛正が育種した、観賞用品種として著名な円錐形長大房品種。観光園の入り口に最適で、着色すると藤棚のように外観が壮麗で美しい。はなはだ豊産で裂果もなく、甲州三尺のように強健で栽培容易である。耐病性も強い。食味は比較的淡白で、甘酸味あり、香りは少ない。房形は甲州三尺のように長大になり、40cmを超えるが、房数を制限しないと結果過多になり糖度が落ちるので、注意が必要である。

第1部　欧州種・欧亜雑種のブドウ品種　　43

ブラック三尺
Black Sanjaku

生食用

　系統：欧州種　作出：岡山県の花澤茂（1977年交配）　交配親：紅三尺×グザルカラー（1989年品種登録）　倍数性：2倍体　熟期：9月下旬～10月中旬　収量：多　果皮色：紫赤～紫黒　果粒形：卵形　果粒重：8～10g　肉質：崩壊性　糖度：18～20度　樹勢：中　耐病性：強

● 品種特性

　瀬戸ジャイアンツを作出した花澤茂の作出品種。長大房、はなはだ大粒の晩熟品種で、外観壮麗、栽培容易な高級品種である。ジベレリン処理で種なし化が可能になった。日持ち、食味よく、糖度も高く、香りはないが酸味少なく、ややジューシーで多汁。果皮は強く裂果はない。果梗も強く脱粒性もなく、耐病性もある。親のグザルカラーは旧ソ連から導入したロシアの土着品種で、本種は紅三尺をより欧州系に近づけた黒い紅三尺のような品種である。密着するので摘粒が必要であり、豊産なので収量制限にも注意が必要である。

センティニアル
Centennial

生食用

　系統：欧州種　原産：オーストラリア　交配親：ロザキの芽条変異　倍数性：4倍体　熟期：9月下旬～10月上旬　収量：少　果皮色：白黄　果粒形：長楕円　果粒重：17～20g　肉質：崩壊性　糖度：20～23度　樹勢：弱　耐病性：弱

● 品種特性

　品質優秀で、肉質はロザキに似て食味最良である。香りはない。ただし、花流れしやすく、経済栽培は困難である。日本のブドウ生産量1位は巨峰であるが、本種はその父親である。今後も育種のための交配原種として利用したい貴重な品種である。典型的な欧州種であり、耐病性が弱いので、施設栽培をするとよい。カリフォルニアではオルモ博士らがセンティニアルシードレスという種なし品種を作出した由。トムソンシードレスの4倍の果粒で2週間も早熟というが、おそらく裂果しやすいから、日本での普及は困難であろう。

グリーンサマー
Green Summer 〔生食用〕

　系統：欧州種　作出：山梨県の植原宣紘　交配親：ニューナイ（牛奶）×ネオマスカット　倍数性：2倍体　熟期：8月下旬～9月上旬　収量：多　果皮色：黄緑　果粒形：楕円　果粒重：7～8g　肉質：崩壊性　糖度：18～19度　樹勢：強　耐病性：やや弱

● 品種特性

　粗着で摘粒が容易な省力品種。父親のネオマスカットよりやや早熟である。糖度は高く、肉質は滑らか、まろやかで上品な食味はミルキーで母親のニューナイに似る。裂果はない。香りはマスカット香がある。ジベレリン処理で種なしになる。1回目の処理は満開中に75ppmで、2回目はその10日後に50ppmにて、フルメット3ppmを混用すると果粒が肥大して10g程度になる。果粒形は先尖り長楕円形のピッテロビアンコ形になり、外観がよい。開花後に1回だけのジベレリン処理でも果梗が太く、しっかりして粒張りもよく、熟期も早まる。

イチキマール
Itchkimar 〔生食用〕

　系統：欧州種　原産：旧ソ連邦　交配親：不詳　倍数性：2倍体　熟期：9月中旬　収量：徐々に豊産　果皮色：鮮紅～紫紅　果粒形：長い俵型　果粒重：9～10g　肉質：崩壊性　糖度：18～20度　樹勢：強　耐病性：弱

● 品種特性

　旧ソ連邦から導入された最高級品種（1982年）。円錐形大房でリザマートに似ている。花流れなく整房、摘粒はリザマートに準じる。雄ずい反転性であり、開花時にジベレリン処理にフルメットを混用するとよい。鮮紅～紫紅色になり、外観はなはだ優美。果皮薄く、皮ごと食べられる。肉質は締まり、糖度は高く、酸少なく、香りはない。食味はリザマートに似て、おいしく、上品で品質極上である。リザマートのような極端な裂果性はない。欧州種中、アンタシアチーカ系（レバノンなど中近東、シルクロード周辺）の典型的品種である。耐病性は弱いので被覆栽培向き品種。

ロザキ
Rosaki　　　　　　　　　　`生食用`

系統：欧州種　原産：アラビア　交配親：不詳　倍数性：2倍体　熟期：8月下旬　収量：多　果皮色：黄緑　果粒形：長楕円　果粒重：7～12g　肉質：崩壊性　糖度：20～22度　樹勢：強　耐病性：やや強

● 品種特性

　アラビア原産の世界的に有名な大粒高級白黄色種。イタリアを中心に、世界の主要ブドウ産地で栽培され広く普及している。花流れ性なく、摘粒はマスカット系より容易。肉質はまろやかで締まり、食味極上。欧州系の典型的な優良品種。酸少なく、香りはない。糖度はウイルスフリー化して非常に高くなった。果皮はやや厚く、裂果はほとんどなく、露地栽培可能。脱粒性なく、貯蔵性、輸送性は抜群。欠点は完熟すると果皮に茶褐色の斑点が入り、外観を損なうが、一種の着色で病気ではない。ジベレリン処理で種なし化、大粒化ができる。

ローヤル
Royal　　　　　　　　　　`生食用`

系統：欧州種　原産：ベルギー　交配親：アルフォンスラヴァレーの枝変わり　倍数性：2倍体　熟期：8月中旬～下旬　収量：中　果皮色：紫黒　果粒形：偏円～楕円　果粒重：8～12g　肉質：崩壊性　糖度：18～19度　樹勢：強　耐病性：やや弱

● 品種特性

　アルフォンスラヴァレーの枝変わりであり、ベルギーにおける温室栽培主要品種。アルフォンスラヴァレーに比べて果粒形はやや楕円形、着色良好で、やや早熟化した。香りは少ない。樹勢旺盛で、果皮が薄く、皮ごと食べられるが、裂果しやすい点はアルフォンスラヴァレーと同様である。品質の非常に優れた、典型的な最高級生食用欧州種である。裂果を防ぐのは困難だが、多雨の日本では雨水を施設外に導くタイプのハウス施設ならば栽培可能である。

ルビーオクヤマ
Ruby Okuyama 【生食用】

　系統：欧州種　作出：ブラジルの奥山孝太郎（1984年日本で品種登録された）交配親：イタリア種の芽条変異種　倍数性：2倍体　熟期：9月上旬〜中旬　収量：中　果皮色：鮮紅　果粒形：楕円　果粒重：12〜18g　肉質：崩壊性　糖度：18〜20度　樹勢：強　耐病性：弱

● 品種特性

　ブラジルのパラナ州において日系人が発見したイタリア（黄緑色）の芽条変異種で赤色種である。海外から導入された品種中、最も優れた高級品種の一つである。
　特性はイタリア原産のイタリア種に類似している。円錐形ではなはだ大房。摘粒は比較的容易である。果皮は薄く果肉との分離は難。かなり強いマスカット香がある。果皮が薄いのでやや裂果性があり、雨を防ぐ被覆栽培が安全である。
　本種の樹勢は旺盛で、耐病性は弱く、栽培防除は甲斐路に準じて行うといい。

ユニコーン
Unicorn 【生食用】

　系統：欧州種　作出：栃木県の石崎隆次郎　交配親：不詳だが、旧ソ連から持ち帰った品種の実生　倍数性：2倍体　熟期：9月中旬　収量：多　果皮色：赤紫〜紫黒　果粒形：先尖り長楕円形　果粒重：12〜14g　肉質：崩壊性　糖度：17〜19度　樹勢：中　耐病性：やや弱

● 品種特性

　1963年に訪ソしたさい持ち帰った種から生まれた珍奇な形の品種で、山梨の土屋長男が命名した（視察団に著者も同行した）。親は不明だがオリベット、またはイチキマールではないかと推察している。ギリシャ神話にある、全身が角で覆われた一角獣の意である。円錐形大房で外観ユニーク。実止まりよく摘粒を要す。着色はいっせいでよく、果皮は薄く皮ごと食べられる。果肉は締まり、糖高く、酸少なく、香りはない。あっさりしたデザート向きの食味である。裂果性はあるが、ひどくはない。枝の充実が悪く、豊産だが結果過多は避けたい。

第1部　欧州種・欧亜雑種のブドウ品種　47

CG88435　　　生食用
CG88435

系統：欧州種　作出：アルゼンチン　交配親：アルメリア×カージナル　倍数性：2倍体　熟期：8月中旬　収量：多　果皮色：黄緑〜白黄　果粒形：先尖り長楕円形　果粒重：12〜14g　肉質：崩壊性　糖度：18〜21度　樹勢：強　耐病性：やや弱

●品種特性

　アルゼンチンから導入した早熟な黄緑色交配種で、外観は母親のアルメリアによく似ている。父親のカージナル（赤）は最早熟品種としてよく知られているが、非常に裂果しやすく植原葡萄研究所では栽培をあきらめた品種である。本種はビニール被覆栽培すればなんとか欠点をカバーできる。果肉は締まり、品質、食味はきわめて優秀。特に糖度が高い。皮ごと食べられる。香りは少ない。甲斐路と交配した経験から、早熟で皮ごと食べられる品種の育成の親としてもきわめて可能性が高い品種である。

ザバルカンスキー　　　生食用
Zabalkanski

系統：欧州種　原産：ロシア　交配親：不詳　倍数性：2倍体　熟期：9月中旬〜下旬　収量：中　果皮色：鮮紅　果粒形：長楕円　果粒重：19〜21g　肉質：崩壊性　糖度：18〜20度　樹勢：強　耐病性：やや弱

●品種特性

　ロシア原産の美麗な高級大粒紅色種として著名な品種である。果肉は締まり、品質絶佳。風格からブドウの大王と称せられている。果皮が薄く、皮ごと食べられるが、裂果しやすいのでビニール被覆栽培するのが安全。熟期は遅く、完熟すると濃紅色になり、きわめて壮観。外観は数あるブドウ品種中、最高で観賞価値が高い。ときに果皮が渋くなることがあり、気になる。香りはほとんどない。品種名はまちがって日本に伝えられたらしく、本名はイシャキーという。

ゴールド Gold 【生食用】

　系統：欧州種　作出：アメリカのカリフォルニア大学H. P.オレモ　交配親：（マスカットハンブルグ×サルタニア）×（マスカットハンブルグ×ケニギンデルワインガルデン）　倍数性：2倍体　熟期：7月下旬　収量：多　果皮色：黄緑　果粒形：楕円　果粒重：7～8g　肉質：崩壊性　糖度：18～19度　樹勢：中の上　耐病性：やや弱

● 品種特性

　カリフォルニア大学はブドウとワインの研究で有名だが、育種のオレモ博士が1951年に交配し1958年に発表した優秀な早熟マスカット種で、強いマスカット香を持っている。親はどれも果皮が薄く、裂果性があるので、本種はビニール被覆栽培が望ましい。日本に導入され、植原葡萄研究所では1987年に初結果した。糖度も高く、外観優美で、日持ちもよい。早熟性を生かし、マスカット系品種を目標にする育種の親としても貴重な品種である。

天山 Tenzan 【生食用】

　系統：欧州種　作出：山梨県の志村富男（1986年交配）　交配親：ベイジャーガン（貝甲干）×ロザリオビアンコ　倍数性：2倍体　熟期：8月中旬～下旬　収量：多　果皮色：黄緑～白黄　果粒形：俵型　果粒重：40～45g　肉質：崩壊性　糖度：18～20度　樹勢：強　耐病性：やや弱

● 品種特性

　ブドウ品種中、最大粒で一口では食べられないほど大粒の驚異的品種。肉質締まり、果皮がシャインマスカットより薄く、皮ごと食べられる。ジベレリン処理にフルメットを混用して種なしにする。大粒化はフルメットの効果が大きい。糖度も高く、渋みもなく、食味は最高である。「裂け天山」というあだ名があるほど裂果しやすく、栽培は非常に困難で、奇跡のブドウ、幻のブドウなどといわれる。10年以上の樹齢になり、樹を十分に広げると、栽培管理によっては裂果しないようになるが、最適地を選ぶ品種で常に裂果のリスクがある。

ヤトミローザ
Yatomi Rosa　`生食用`

　系統：欧州種　作出：東京都の矢富良宗（1984年初結果）　交配親：パンノニア キンチェ×（ウーバローザ×ローデマスカット）（1990年品種登録）　倍数性：2倍体　熟期：7月下旬〜8月上旬　収量：多　果皮色：赤紫　果粒形：長楕円形　果粒重：9〜12g　肉質：崩壊性　糖度：16〜18度　樹勢：中の上　耐病性：やや強

●品種特性

　園芸研究家の矢富良宗作出の極早熟種。円錐形大房、実止まりよく、良房が揃う。7月下旬に熟し着色良好で、その早さに驚いた。果皮は薄く、果皮と果肉の分離は難。果肉はやや軟らかく、多汁。食味はあっさりで、酸少なく、香りはない。大粒欧州種の中では抜群の早熟種で品質もよい。成熟後半になり、やや裂果が見られた。ビニール被覆栽培が安全のようである。糖度があまり高くなく、早熟のデラウェアや巨峰の甘さと比べると、本種は上品ではあるが、ややパンチが足りず、もう少し甘さが欲しい品種である。

シトロンネル
Citronelle　`生食用`

　系統：欧州種　原産：フランス　交配親：不詳　倍数性：2倍体　熟期：8月下旬〜9月中旬　収量：多　果皮色：白黄　果粒形：先尖り長楕円　果粒重：15〜20g　肉質：崩壊性　糖度：18〜22度　樹勢：強　耐病性：やや強い

●品種特性

　フランスの代表的な黄緑色品種である。本名はビュルグラーブ・ド・オングリー（ハンガリーの城主）だが、名札をまちがえて日本に導入されたらしい。香りはなく上品な食味で、糖度高く、皮ごと食べられる。肉質締まり、裂果はややあるが樹を拡大させると防げる。豊産で病気に強く、脱粒性なく棚持ちがよい。派手さがなく、あまり知られていないが、大房にせず、房を小さく作ると大変おいしいデザートブドウになる。山梨県下の観光ブドウ園などで栽培されている。

シャインレッド
Shine Red　　【生食用】

　系統：欧州種　作出：山梨県下の栽培者　交配親：甲斐路の早熟枝変わり　倍数性：2倍体　熟期：8月下旬〜9月上旬　収量：中〜多　果皮色：鮮紅　果粒形：短楕円〜倒卵形　果粒重：8〜15g　肉質：崩壊性　糖度：17〜22度　樹勢：強　耐病性：やや弱

●品種特性

　1980年前後に甲斐路の早熟変異種が山梨県下で複数発見され、ガーネット、シャインレッド、赤嶺がそれぞれ登録申請されたが、同じ変異で差異はないとして、早い申請のガーネットだけが品種登録（1981年）された。その後、ガーネットは登録取り消し（1990年）になった。おそらく、リーフロール（ウイルス病の一種）による糖度の低さが災いしたのだと思われる。本種は八代町の加温ハウス栽培で好成績をあげ、糖度も高く、見学者が連日訪れた。早熟で東京市場の評価が高く、当時は時期的に珍しい7月中旬の赤い大粒種だった。

乍那（チャナー）
Zhana　　【生食用】

　系統：欧州種　原産：アルバニア　交配親：不詳　倍数性：2倍体　熟期：8月上旬〜中旬　収量：多　果皮色：赤紫　果粒形：近円〜楕円　果粒重：9〜11g　肉質：もろい崩壊性　糖度：20〜23度　樹勢：強　耐病性：やや弱

●品種特性

　1975年に導入された赤紫色の最早熟種。アルバニア原産で、中国を経由し、日本に導入された。中国では興城地区、熊岳地区などで栽培されていて、果房は大きく、平均850g、最大1100gの大円錐房になる。果皮は果粉が多く美麗。肉質はもろく多汁で、非常に糖度が高い。豊産で貯蔵性があり、中国の適地では広く栽培されている。果皮が薄く、降雨が多い日本では裂果しやすく、食味のよい早熟種だが、ビニールハウスで雨水が入らない施設内でないと栽培は困難である。1988年、ウイルスフリー化して、糖度が軽く20度を超えた。

第1部　欧州種・欧亜雑種のブドウ品種　　51

黄華
Ouka
【生食用】

　系統：欧州種　作出：長野県松本市の大村嘉汎　交配親：カッタクルガン×ヒロハンブルグ（1994年品種登録）　倍数性：2倍体　熟期：9月上旬～中旬（松本）　収量：中～多　果皮色：白黄　果粒形：短楕円　果粒重：16～18g　肉質：崩壊性　糖度：18～19度　樹勢：強　耐病性：やや弱

品種特性

　本種は、地元ではアルプスマスカットという愛称で親しまれている。大粒で肉質がよく、マスカット香があり、ジベレリン処理で種なしになり、皮ごと食べられる。糖度高く、酸は少なく、食味よく、大変おいしい。皮は少し渋いこともある。果皮と果肉の分離は難。裂果は少ない。樹勢強く、短梢栽培には向かない。欧州系であり、大器晩成型だから、りっぱな房をつけるには6～7年かかるが、成木になれば安定して豊産になる。ブドウ産地である松本市には本種の栽培団体があり、地元の特産品として喜ばれている。ネット販売も好調である。

京早晶（チンツァオチン）
Jingzaojing
【生食用】

　系統：欧州種　作出：中国科学院北京植物園（1960年）　交配親：ケニギンデルワインガルデン×トムソンシードレス　倍数性：2倍体　熟期：8月上旬　収量：多　果皮色：黄緑　果粒形：卵円～長楕円　果粒重：3～4g　肉質：崩壊性　糖度：18～21度　樹勢：強　耐病性：やや弱

●品種特性

　中国が作出した極早熟の種なし品種である。果汁は多く、甘酸適度で糖分高く、もともとの種なし品種だが、少し種子の未熟な痕跡がある。果皮は薄く、皮ごと食べられる。香りはない。落花後、100～200ppmのジベレリンを散布すれば、果粒は1.5～2倍に肥大する。中国では生食用、レーズン用、缶詰用として栽培している。日本では裂果しやすいので、ビニールハウス内での被覆栽培がよい。母親のケニギンは最早熟品種、父のトムソンは有名な種なし品種だが、両種とも果皮が非常に薄く裂果しやすいので、日本での栽培は困難である。

牛奶（ニューナイ）
Niunai

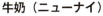
生食用

系統：欧州種　原産：旧ソ連または中国の新疆ウイグル自治区　交配親：不詳　倍数性：2倍体　熟期：9月上旬～中旬　収量：多　果皮色：黄緑　果粒形：長楕円　果粒重：7～9g　肉質：崩壊性　糖度：17～19度　樹勢：強　耐病性：やや弱

● 品種特性

外観は優美で、品質高く、古来、旧ソ連のウズベク地方、中国の新疆での主要品種である。ロシアではフサイネという。果梗が長く、摘粒は容易である。食味はまろやかで、香りはなく、上品でミルクの味に似ているのと、粒形が牛の乳頭に似ていることからこの品種名がついた。日本では施設栽培で品質の高い果実ができるが、あまりにあっさりした食味でインパクトに欠ける。濃厚な味を好む日本の消費者は、デラウェア、巨峰、ピオーネ、さらにはシャインマスカットが大人気で、淡白過ぎる上品な品種は敬遠されてしまうようである。

シャスラー
Chasselas

生食・醸造兼用

系統：欧州種　原産：スイス・ヴォー州地域の古代種　交配親：不詳　倍数性：2倍体　熟期：9月上旬～中旬　収量：多　果皮色：黄緑　果粒形：円　果粒重：2～3g　肉質：崩壊性　糖度：16～19度　樹勢：中　耐病性：やや強

● 品種特性

スイス、フランスのサヴォワ、ロワール、アルザス、オーストリアなどで栽培されている生食・醸造兼用種。スイスが80%を占め、ラヴォーの傾斜地のブドウ畑はユネスコの世界遺産に指定されている。レマン湖の湖畔の畑は絶景。11世紀に修道士が段々畑を作り、スイスを代表する白ワイン造りが続いている。ミネラル感、繊細で上品なワイン。熟成するとハチ蜜、ナッツ感のある黄金色になる。ワインは現地でほとんど消費され、輸出はわずかだが、日本食に合うという。シャスラー ドレー、シャスラー ローズなど、日本にも導入されたが、普及しなかった。

第1部　欧州種・欧亜雑種のブドウ品種　53

垣根の果房（9月下旬）

着色始め期の果房

葉（9月下旬）

カベルネソービニヨン
Cabernet Sauvignon　【醸造用】

系統：欧州種　原産：フランスのボルドー地区　交配親：ソービニヨンブランとカベルネフランとの自然交雑（1990年代にDNA解析されて判明）　倍数性：2倍体　熟期：9月下旬～10月上旬　収量：少　果皮色：紫黒　果粒形：円　果粒重：1～2g　肉質：崩壊　糖度：18～23度　樹勢：中位　耐病性：弱

●品種特性

栽培面積世界1位の赤ワイン用最高級品種（2010年）。フランス・ボルドー地区を中心にイタリア、カリフォルニア、チリ、南アフリカ共和国など、世界各地で栽培されている。温暖な気候を好み、収穫期まで長い期間を要す。果皮は厚く、種子が多く、果肉は少ない。タンニンが豊富でワインは10年～数十年という長期熟成を必要とするが、ヴィンテージ（収穫年）により評価が変わり、芳醇な香りと後味のよさがワイン通を魅了する。香りはスミレ、カシス、ブラックカラント、杉、スパイス、また、欧州以外の南北アメリカ、南アフリカ、オーストラリアなどのニューワールドワインではチョコレート、オークなどの香りがある。本種で作られた濃紺～紫色のワインは、いわゆるリッチ、ヘビー、パワフルな赤ワインの代表である。

ボルドー地区では本種にメルロー、カベルネフラン、プティヴェルドーをブレンドして法的に原産地証明（アペラシオン・コントローレ）された60有余の有名シャトーなどが品質を競っている。一方、ニューワールドではカリフォルニア、チリなどに本種のみで醸造されたヴァラエタル（品種名表示）ワインがある。

日本でも明治時代から導入され、栽培はされているが、多湿な気候のため、その栽培は困難であり、むしろメルロー種のほうが栽培しやすく、本種の栽培地域は残念ながら限定されている。

垣根の果房（9月下旬）

果粒の発育、肥大　　葉（9月下旬）
（8月下旬）

シャルドネ
Chardonnay　**醸造用**

系統：欧州種　原産：フランスのブルゴーニュ地域　交配親：不詳だが、自然交雑でピノー×グアイスブランという遺伝子解析がある　倍数性：2倍体　熟期：9月上旬～中旬　収量：やや多　果皮色：黄緑　果粒形：円　果粒重：1～2g　肉質：崩壊性　糖度：18～22度　樹勢：中位　耐病性：やや弱

●品種特性

世界の白ワイン用品種の中で、最も広く栽培されている代表品種である。ワイン生産国でこの品種を栽培していない国はほとんどない。フランスのブルゴーニュにシャルドネ村があり、このあたりが原産地かもしれない。赤のピノノワールと違っていろいろな風土になじみ、適応力、汎用性に富んでいる。際立った香りはないが、栽培法、醸造法の違いで非常に幅の広い香り、味を生み出す能力が高い。ブルゴーニュ地域ではモンラッシェ村、ムルソー村、シャブリ地域などの白ワインは世界的に有名であり、米国のカリフォルニア、オーストラリア、イタリア、南アメリカ諸国などにも優れたワインがある。

日本のシャルドネも近年、国際コンクールで優勝するほどワインの品質が向上している。欧州系ワイン用白品種の中で人気は第1位で、九州から北海道まで広く普及しつつある。

寒冷地では暖地より酸が高く、スパークリングワインにも可能性があり、暖地では果実香、ナッツ香、樽の使用によるヴァニラ香など、さらに瓶熟香も出せるので、シャルドネは日本にとっても国際的水準のワイン造りに欠かせない重要な品種である。

垣根の果房（9月下旬）

垣根仕立て

葉（9月下旬）

ケルナー
Kerner

醸造用

系統：欧州種　作出：ドイツのヴュルテンベルク地方（1969年）　交配親：トロリンガー×リースリング　倍数性：2倍体　熟期：9月中旬～下旬　収量：多　果皮色：黄緑　果粒形：円　果粒重：1～2g　肉質：崩壊性　糖度：18～21度　樹勢：強　耐病性：やや強

● 品種特性

ドイツのワイン用品種の交配は盛んだが、本種はその高い水準を表す傑作品種である。ケルナーはワインを好んで詩歌にしたドイツの詩人の名前からとったという。ミューラートルガウと並んで一時高い人気を得た。ドイツではラインヘッセンとファルツが栽培の中心である。リースリングに似た香気があるが、独特な香り、たとえばリンゴ、グレープフルーツ、マンゴーなどに似た香りがあり、少しきめが粗い。どこでも栽培できる適応力と、発芽が遅く晩霜にたいする抵抗力が強い点が長所で普及している。

ドイツ以外ではオーストリア、スイス、イタリアの南チロル、南アフリカ共和国などで栽培されている。

日本では北海道、東北などの寒冷地で多く栽培されている。一時大栽培されたミューラートルガウより栽培しやすく、北海道ではケルナーが1991～2000年にかけて徐々に伸び、主要な白ワイン用品種になってきている。

耐寒性が強く、豊産性である。樹勢が強いので、摘葉、摘果などの管理が必要である。

垣根仕立て

葉（9月下旬）

ピノノワール
Pinot Noir

【醸造用】

系統：欧州種　原産：フランスのブルゴーニュ地区　交配親：不詳　倍数性：2倍体　熟期：8月下旬～9月中旬　収量：少　果皮色：紫黒　果粒形：円形　果粒重：1～2g　肉質：崩壊性　糖度：20～23度　樹勢：中位　耐病性：弱

●品種特性
古くからブルゴーニュの赤ワイン用の代表品種。極上ワインであるボーヌロマネ村のロマネコンティを頂点に、コートドール（黄金の丘）の村々には数々のグランクリュー・ワイン（全体の数％しかない特級畑のワイン）がある。世界中で高級ワインを志向するワイナリーがこのブドウに挑戦している。ところが、ボルドーのカベルネソービニヨンと違って、この品種は非常に気難しく、なかなかよいものができない。

このブドウは植えられた土地の条件を敏感に反映する特性があるからである。現在成功している地域は米国のオレゴン州とカリフォルニアの一部、ニュージーランドとオーストラリアの一部といわれている。また、イタリアとドイツの一部でも挑戦中である。ピノノワールはフランス名だが、ドイツ名はシュペートブルグンダーである。

日本でもブルゴーニュの赤ワインファンが多数おり、ワイナリーも各地で栽培に挑戦している。栽培は難しく、ある程度のよいワインにはなるが、ブルゴーニュのような特性はなかなか出ない。本来、本種は寒冷な気候を好む品種である。暑い地域では凡庸なワインになってしまう。

2010年頃から寒冷すぎる北海道の生育期の気温がやや高くなる傾向があり、これは世界的な温暖化の影響かもしれないが、最近は北海道でこの品種が数多く栽植され始めている。栽培しやすい気候になったのかもしれない。希望はあるが、定着するには長い栽培努力が必要である。

棚下の果房

葉（8月下旬）

ツバイゲルトレーベ　【醸造用】
Zweigelt Rebe

系統：欧州種　作出：オーストリアのクロスターノイブルグ研究所（1912年）　交配親：ブラウフレンキッシュ（リンベルガー）×サンローラン　倍数性：2倍体　熟期：8月中旬　収量：多　果皮色：紫黒　果粒形：円　果粒重：1～2g　肉質：崩壊性　糖度：18～22度　樹勢：中位　耐病性：やや強

●品種特性

早熟な赤ワイン用品種である。当初はドイツとイギリスで実験的に栽培された。現在では、オーストリアで最も広く栽培されている。耐寒性強く、耐病性も比較的強く、日本では北海道の赤ワイン用品種としてすでに定着している。豊産で酒質もよい。赤ワインとしてはやや淡白だが、香りはよく、品質が優れている。房は中房で密着する。

一般的には若飲みワインとされているが、完熟させると濃厚な赤ワインになり、数年間熟成させるとメルローに似た香りの深いボディーのあるワイン（タンニンの豊富なしっかりした飲み口のもの）になり、酒質は著しく向上する。耐寒性が強いので、岩手県などの東北地方や北海道の主要赤ワイン用品種としては最上の品種になると思われる。

「ツバイゲルトレーベ」という品種名は残念ながら語感のインパクトは強いのだが、日本人が覚えるには難しすぎるかもしれない。ワインの世界で著名なイギリスのジャンシス・ロビンソン女史でさえ、「ドクター・ピノノワール」と命名したら成功したかもしれないと皮肉っているそうである。日本人が覚えやすい気楽な品種名（愛称）をつけるとよいという向きもあるが、さてどうか。

棚下の果房

開花、結実へ

葉（8月下旬）

メルロー
Merlot　　**醸造用**

系統：欧州種　原産：フランスのボルドー地区　交配親：偶発実生　倍数性：2倍体　熟期：8月下旬～9月上旬　収量：多　果皮色：紫黒　果粒形：円　果粒重：1.5～2.5g　肉質：崩壊　糖度：17～22度　樹勢：中位　耐病性：やや弱

●品種特性

　フランスのカベルネソービニヨンに並ぶ赤ワイン用の主要品種で世界のワイン用ブドウの栽培面積第2位を占める。ボルドー地域の上流・ドルドーニュ川右岸のサンテミリオン、ポムロール地域の重い石灰質土壌を好み、ペトリュースというワインは非常に有名である。この地域ではカベルネフランとブレンドされることが多い。

　熟期はカベルネソービニヨンより早く、豊産である。房は円筒形で密着房が多く、果皮はカベルネソービニヨンより薄く、やや弱い。酸味やタンニンもカベルネソービニヨンより少なく、まろやかでシルキーな滑らかさがあり、ワインは早く熟成する。香りはプルーンに似た、熟した果物の香りがあり、ブラックチェリー、プラム、ホオズキ、スミレの香りもする。ボルドーのメドック地域ではカベルネソービニヨンとのブレンドで飲みやすい早期熟成ワインが多く造られている。

　日本ではこのメルローが重い粘土質土壌に合い、栽培に成功している。いずれは、日本の赤ワインの主力品種になっていくだろう。山梨県の北部や長野県の桔梗が原には優れたメルローワインがある。本種はイタリア、スペインにも多く、チリ、アルゼンチン、オーストリア、南アフリカなど世界のワイン産地にも栽培されている重要な品種である。

垣根の果房

垣根仕立て　　　　　葉（9月下旬）

ミューラートルガウ
Müller Thurgau　【醸造用】

系統：欧州種　作出：ドイツのガイゼンハイムブドウ栽培研究所　交配親：リースリング×マドレーヌ・ロワイヤル（1882年）　倍数性：2倍体　熟期：8月下旬～9月中旬　収量：多　果皮色：黄緑　果粒形：円　果粒重：1～2g　肉質：崩壊性　糖度：18～22度　樹勢：中位　耐病性：やや強

●品種特性

ドイツはワイン用品種の品種改良が盛んであり、成熟期の遅いリースリングを早熟化し、収量も多い本種をガイゼンハイムブドウ栽培研究所のベッカー博士が作出した。そのため、ドイツの主要品種であるリースリングより本種の栽培面積が増加した。

フレッシュでフルーティーな香りある白ワインになる。リースリングよりは大衆的であるが、早熟、豊産で栽培しやすい。日本でも東北、北海道で本種の栽培に成功しており、ベッカー博士は北海道で造られたこのワインを試飲し、ドイツに劣らない品質であると絶賛してくれたとのことである。

しかし、品質と香りはリースリングのほうが優れており、ドイツでは再びリースリングが1位に返り咲き、本種は2位（2013年）に後退した。北海道でも本種より作りやすいケルナーが伸びてきている。この事例から、ワイン用新品種は、その品種の各地での栽培経験とワインの熟成期間、できたワインの消費者の評価など、その品種の総合的評価にはかなりの長い年月を要することがわかる。

なお、最新の遺伝子解析によると交配親は従来は父方がシルバーネルとのことだったが、そうではなく、マドレーヌ・ロワイヤルだったことがわかっている。

垣根の果房

垣根仕立て

葉（9月下旬）

ソービニヨンブラン
Sauvignon Blanc

醸造用

　系統：欧州種　原産：フランスのボルドー地区　交配親：不詳だがサヴァニャンの子孫だという説がある　倍数性：2倍体　熟期：9月上旬　収量：中〜多　果皮色：黄緑　果粒形：円　果粒重：1〜2g　肉質：崩壊性　糖度：18〜21度　樹勢：強　耐病性：やや弱

● **品種特性**

　もともとはボルドー地区でセミヨン種とブレンドして辛口から貴腐ワインの極甘口までの白ワインを出していたが、セミヨンのほうが重視されていた。ところが、この品種がボルドーの北にあるロワール川上流のサンセール・プィイフュメ地区に移植され、1970年代以降の白ワインの辛口ブームが生じると一躍注目され、大ヒットした。

　今ではシャルドネに次ぐ辛口ワイン用ブドウとして、オーストラリア、チリ、米国、南アフリカなど、世界中で栽培されるようになった。ことにニュージーランドのクラウディ・ベイでできた本種のワインは人気がある。本種を軽視していたボルドーでも新たな動きがあり、メドックの有名シャトーなどが本格的な辛口白ワインを生み出すようになった。

　18世紀には本種とカベルネフランが自然交雑してカベルネソービニヨンが生まれたという。青草のような香りと、爽やかな酸があり、フレッシュでフルーティーな、軽やかなワインが人気となり、暖地ではトロピカルフルーツのような香りが出る。日本でも本種が注目されはじめている。

　また、日本原産の甲州種にも本種の香りと同じ、メルカプトヘキサノールの前駆物質が発見され、グレープフルーツに似た香りを生かした甲州種の「きいろ香」ワインが造られている。

棚下の果房

垣根仕立て　　　　葉（9月上旬）

カベルネフラン
Cabernet Franc
醸造用

系統：欧州種　原産：フランスのボルドー地域、またはスペインのバスク地方　交配親：偶発実生　倍数性：2倍体　熟期：9月中旬～下旬　収量：多　果皮色：紫黒　果粒形：円　果粒重：1.5～2g　肉質：崩壊　糖度：17～22度　樹勢：強　耐病性：やや強

● 品種特性

本種はフランスのボルドー原産といわれていたが、近年のDNA研究でスペインのバスク地方原産で17世紀にボルドーに定着し、カベルネソービニヨン、メルロー、カルメネールなどの親になったとされている。

赤ワイン専用種で栽培面積は世界17位。フランスが多く、ボルドーではメルローとブレンドされ、軽やかなタンニンで味わいはおとなしく、食の嗜好のライト化に適し、ジワジワと人気が上昇している。

ロワール地方では本種だけのワインが多く、シノンのワインなどが有名で、ブルトン、ブーシェとも呼ばれる。

カベルネソービニヨンより早熟で、涼しい地域でも完熟し、ブルーベリー、スミレ香があり、ときにはピーマンに似た香りも出る。強さよりエレガントさ、清涼感が特徴である。暑いときのワインにもよいという。

耐寒性も強く、アメリカのオレゴン州、カナダ（アイスワイン）、オーストラリア、ニュージーランド、南アフリカでも栽培されている。日本では高温、多湿に強いため山梨県の数か所などで栽培されていて定評がある。

リースリング
Riesling 〔醸造用〕

　系統：欧州種　原産：ドイツのライン川上流地域の野生種　交配親：不詳　倍数性：2倍体　熟期：9月下旬～10月中旬　収量：少　果皮色：黄緑　果粒形：円　果粒重：1～2g　肉質：崩壊性　糖度：18～22度　樹勢：中位　耐病性：やや弱

●品種特性

　極甘口を始めとするドイツの偉大なワインを生む、最も有名な白ワイン用品種。寒冷地、冷涼地に適し、栽培は難しく、収量も少なく晩熟だが、花のような上品な香りがすばらしく、心地よい甘みがある。銘酒のトロッケンベーレンアウスレーゼはクローバーのハチ蜜に似た香りとエレガントな香味、キリッと際立った酸味がある。作りやすいミューラートルガウを退け、1996年にドイツ1位に返り咲いた。アルザス、米国、カナダ、オーストラリア、ニュージーランドなど世界に5万ha弱栽培される。香りが生きる北海道では、可能性が高い。

ピノブラン
Pinot Blanc 〔醸造用〕

　系統：欧州種　原産：フランスのブルゴーニュ　交配親：不詳　倍数性：2倍体　熟期：8月中旬～下旬　収量：多　果皮色：黄緑　果粒形：円　果粒重：1～2g　肉質：崩壊性　糖度：18～22度　樹勢：強　耐病性：やや強

●品種特性

　フランスの高級白ワイン専用種。ピノグリの変種で果皮の色が淡い。シャルドネに似ていて長い間区別がつかなかった。早生で寒地向き品種である。中央ヨーロッパで栽培が盛んであり、ドイツ、オーストリアなどに多い。発泡酒の原料にもなる。ワインの熟成は早い。あっさりした香りでシャルドネより軽い。イタリアではピノビアンコ、オーストリアではヴァイスブルグンダーと呼ばれ、人気が高い。日本でも少量ではあるがよいワインができている。

セミヨン 〔醸造用〕
Sémillon

　系統：欧州種　原産：フランス　交配親：不詳　倍数性：2倍体　熟期：9月中旬〜下旬　収量：多　果皮色：黄緑　果粒形：円　果粒重：2〜3g　肉質：崩壊性　糖度：18〜22度　樹勢：中位　耐病性：弱

● 品種特性

　フランスのボルドー地域の白ワイン用品種として有名。日本のワイナリーの草分けである山梨県甲府市のサドヤワイナリーの白は、このセミヨンで始まった。ボルドー地域の貴腐ワインで有名なソーテルン、バルザックは、主にこの品種で造られている。世界中に広まり、オーストラリアではシドニーの北部に産地がある。果皮が弱いので貴腐菌（ボトリティスシネレア）がつきやすく、耐病性は弱い。耐寒性も弱いので、暖地向きの品種である。シャルドネの人気に押されて本種は最近、影が薄くなっている。

グルナッシュ 〔醸造用〕
Grenach、Garnacha

　系統：欧州種　原産：スペインのアラゴン地方（ガルナッチャと呼ぶ）　交配親：不詳　倍数性：2倍体　熟期：9月下旬　収量：中　果皮色：紫黒　果粒形：円　果粒重：1〜2g　肉質：崩壊性　糖度：18〜22度　樹勢：強　耐病性：やや弱

● 品種特性

　南仏で広く栽培され、シャトーヌフ・デュ・パープやジゴンダスでは銘酒を生んでいる。ブラックチェリーなど多様なアロマ（ブドウ品種の香り）を持つ。フランスではアイレンに次ぐ第2位の栽培面積で、赤ワインの主要品種。もとはスペイン品種であり、地中海沿岸地域で広く栽培されている。乾燥した強風に耐える。収量を制限するといいワインになるが、多収すると薄い赤になり、凡庸な品質になってしまう。日本ではカベルネソービニヨン、メルローが主体で、本種は今のところ栽培は少ない。

シルヴァーネル
Sylvarner 〔醸造用〕

　系統：欧州種　原産：オーストリア　交配親：不詳　倍数性：2倍体　熟期：8月下旬〜9月上旬　収量：多　果皮色：黄緑　果粒形：円　果粒重：1〜2g　肉質：崩壊性　糖度：18〜22度　樹勢：中位　耐病性：やや弱

● 品種特性

　アルザスの伝統的な品種で、ドイツや中欧を中心に栽培されている白ワイン用種。交配親は一説ではトラミナー×オーストリアンホワイト（古代品種）の自然交配ともいわれている。名前からトランシルヴァニア地方（今のルーマニア）が母国という説もある。リースリングより酸は少なく、香りは強くないが、爽やかでフレッシュ。繊細で軽く、あっさりして飲みやすいワインである。エビやカニなど魚介類によく合う。

　ブドウは密着果房で熟すと茶色が点在する黄緑色になり、豊産性である。ロシア、オーストラリア、カリフォルニアでも栽培されている。

サンジョヴェーゼ
Sangiovese 〔醸造用〕

　系統：欧州種　原産：イタリア中央部のトスカーナ地方　交配親：不詳だがエジョーロとカラブレーゼ・モンテヌオヴァが先祖との説あり　倍数性：2倍体　熟期：9月下旬〜10月上旬　収量：多　果皮色：紫黒　果粒形：円　果粒重：1〜2g　肉質：崩壊性　糖度：18〜22度　樹勢：強　耐病性：やや弱

● 品種特性

　イタリアを代表する赤ワイン専用種で変異種も多い。トスカーナが有名で、18世紀初頭から知られるようになり、キャンティ、キャンティークラシコ地区のワインはイタリアワインの代名詞になっている。変種のグロッソからは銘酒モンタルチーノ、ヴィーノ・ノービレ・ディ・モンテプルチアーノが秀逸。果実味豊かで濃密な、非常に濃いルビー色の赤ワインになる。ただし、多収すると酸味の強い軽い安物ワインになってしまう。南北アメリカでも栽培され、数多いイタリアのワイン用品種中、唯一の国際的品種である。

ドルンフェルダー
Dornfelder 【醸造用】

　系統：欧州種　作出：ドイツで交配された（1955年）　交配親：ヘルフェンシュタイナー（1931年交配）×ヘロルドレーベ（1929年交配）　倍数性：2倍体　熟期：8月下旬～9月中旬　収量：やや多　果皮色：紫黒　果粒形：円　果粒重：1～3g　肉質：崩壊性　糖度：18～22度　樹勢：中位　耐病性：やや強

● 品種特性

　ドイツで赤ワインの色づけ用品種として作出された。複雑な4品種の遺伝子（フリューブルグンダー、トロリンガー、ポルトギーザー、レンベルガー）を受け継いでいる。ワインはニワトコの果汁のような濃いルビー色で濃厚な色調と黒果実を思わせる果実香がある。リッチな余韻があり、タンニンが強く、やや重い。酸はシャープ。甘口は木イチゴやチェリー香がある。耐寒性もある。日本では北海道余市町などの気候に適し、本来はブレンドする色づけ用品種だが、本種のみで造る本格的濃厚赤ワインもある。これは重厚な肉料理によく合う。

ピノムニエ
Pinot Meunier 【醸造用】

　系統：欧州種　原産：フランスのブルゴーニュ地区　交配親：ピノノワールの変異種　倍数性：2倍体　熟期：8月下旬～9月中旬　収量：やや多　果皮色：紫黒　果粒形：円形　果粒重：1～2g　肉質：崩壊性　糖度：20～23度　樹勢：中位　耐病性：弱

● 品種特性

　シャンパーニュ地方のヴァレ・ド・ラ・マルヌ地区に多い赤ワイン用品種で、シャルドネとピノノワールと本種の3品種がシャンパーニュのシャンパンになる。ムニエとは粉屋の意味で、葉裏が白いのでそう呼ばれている。ドイツではシュヴァルツリースリング、またはミューラーレーベという。赤ワインの色調は明るく、酸味が強い。頑強で耐寒性強く、シャンパーニュに適している。ピノノワールより収量多く、やや早熟である。ワインはこくがあり、余韻が長く口に残る。ブレンドすると若々しいフルーティーさを早く楽しめる。カリフォルニア、オーストラリア、ニュージーランドなどでも栽培されている。

バルベラ
Barbera 【醸造用】

　系統：欧州種　原産：イタリア北部のピエモンテ地方　交配親：不詳　倍数性：2倍体　熟期：8月下旬～9月上旬　収量：多　果皮色：紫黒　果粒形：円　果粒重：1～2g　肉質：崩壊性　糖度：18～22度　樹勢：強　耐病性：やや強

● 品種特性

　栽培容易でイタリア全土に広がっている。銘酒を生むネッビオーロは栽培が難しいが、本種は適応力があり、気楽に飲める安価な赤ワインとして人気が高い。チェリーの香りがあり酸も豊かで、よい日常ワインになる。ピエモンテ地方が大産地であるが、アルゼンチンやカリフォルニアでも栽培されている。栽培法を工夫すれば高品質のワインにもなる。日本でも栽培可能だと思うのだが、ネッビオーロやサンジョヴェーゼのような知名度がなく、フランスの有名ワイン品種に押され、残念ながらあまり注目されていない。

甲斐ブラン
Kai Blanc 【醸造用】

　系統：欧州種　作出：山梨県果樹試験場（1969年交配）　交配親：甲州×ピノブラン　倍数性：2倍体　熟期：9月中旬　収量：多　果皮色：黄緑　果粒形：短楕円　果粒重：2g　肉質：塊状　糖度：18～20度　樹勢：強　耐病性：強

● 品種特性

　本種は、1990年に農水省育成新品種に登録された白ワイン専用品種である。黄緑色だが甲州が親であり、ブドウは淡紅色を帯びることもある。酸は高く、渋み、香気はない。ピノブランの形質を受け継ぎ、酒質は比較的良好で甲州に勝り、フルーティーで酸のしっかりした白ワインになる。甲州にも似て樹は強健で栽培容易であり、耐病性も強いが晩腐病には注意が必要である。甲州種より本格的な国産の白ワイン専用品種として期待されている。

第1部　欧州種・欧亜雑種のブドウ品種

トラミナー
Traminer

【醸造用】

系統：欧州種　原産：イタリア北部のチロル地方　交配親：不詳だが最も古い歴史ある品種　倍数性：2倍体　熟期：8月下旬〜9月上旬　収量：中位　果皮色：黄緑〜灰色を帯びた薄いピンク　果粒形：円　果粒重：1〜3g　肉質：崩壊性　糖度：18〜22度　樹勢：中位　耐病性：やや弱

● 品種特性

　イタリア北部のチロル地方の古い品種で、亜種もある。ワインは濃厚で甘みの強い白のデザートワインが有名。エキゾチックなアロマと贅沢な口あたりが特徴で、ややピンクがかった色調のワイン。ドライワインも造られており、特有な甘みが感じられる。バラやライチの香り、あるいは、マスカットやナツメッグの風味を持つ。オーストリア南部の穏やかな丘陵地域に栽培が多い。ゲヴェルツトラミネールは本種の亜種として、ドイツ、フランスのアルザス地方において、産地を代表する重要な品種になっている。

バッカス
Bacchus

【醸造用】

系統：欧州種　作出：1930年代のドイツ連邦ブドウ研究所の共同交配　交配親：ショイレーベ（シルヴァーナ×リースリング）×ミューラートルガウ　倍数性：2倍体　熟期：9月中旬〜下旬　収量：多　果皮色：黄緑　果粒形：円　果粒重：1〜2g　肉質：崩壊性　糖度：18〜22度　樹勢：強　耐病性：やや強

● 品種特性

　ドイツ読みはバッフスであるが、酒の神にちなんでバッカスとして紹介する。ドイツのラインヘッセンで盛んに栽培されている。日本では北海道が適地であり、栽培が定着している。マスカット香に近い香りとハーブ香が特徴で、甘口、中口の果実味のある白ワインになる。ニワトコの花の香りやミネラルも感じられる。樹は豊産、強健で、ブドウはやや晩熟だが、病気に強く、栽培しやすい。ワインはミューラートルガウより個性的な香りで、ケルナーとともに北海道を代表する白ワイン品種になりそうである。

ヴィオニエ
Viognier 【醸造用】

　系統：欧州種　原産：フランスのコートロティー地区　交配親：不詳だがローマ時代からの品種　倍数性：2倍体　熟期：9月中旬～下旬　収量：少　果皮色：黄緑　果粒形：円　果粒重：1～2ｇ　肉質：崩壊性　糖度：18～22度　樹勢：中位　耐病性：やや強

● 品種特性

　古くからある非常に特異な白ワイン用品種である。1960年代には14haまで減少したが、1980年代に人気になって2010年には1万haに回復した。収量が極端に低く敬遠された気難しい品種であるが、コンドリューとシャトーグリエの銘酒が有名。ゴージャスでスパイシーな香り、リッチでフルボディー、アンズや白桃の独特な香りがある。赤ワインのシラーに少量ブレンドすることもあり、特別なワインの香辛料的役割も果たす。フランス南部、イタリア、米国、オーストラリアでも栽培されるようになってきた。日本にも挑戦者がいる。

アルモノワール
Harmo Noir 【醸造用】

　系統：欧州種　作出：山梨県果樹試験場（1988年交配）　交配親：カベルネソービニヨン×ツバイゲルトレーベ（2008年品種登録）　倍数性：2倍体　熟期：9月下旬～10月上旬　収量：中　果皮色：紫黒　果粒形：短楕円　果粒重：2ｇ程度　肉質：崩壊性　糖度：18～19度　樹勢：中　耐病性：やや強

● 品種特性

　着色良好で栽培容易な赤ワイン専用種である（旧名クリスタルノワール）。アルモはフランス語（Hは発音しない）で調和の意。ワインは濃厚でフルーティー、タンニン多く、酒質も優れている。比較した同地産のカベルネ、メルローより色濃く、バランスもよい。品質検討会での酒質の評価も高く、日本の気候に適した品種といえよう。耐寒性強く、岩手、北海道でも可能。ツバイゲルトレーベに赤ワイン最高品種のカベルネソービニヨンが加味された品種であるから、より長期熟成の本格的赤ワインになる可能性があり、期待できる。

第1部　欧州種・欧亜雑種のブドウ品種　69

シラー
Syrah, Shiraz 【醸造用】

　系統：欧州種　原産：南フランスのローヌ渓谷北部　交配親：不詳　倍数性：2倍体　熟期：9月上旬～下旬　収量：やや多　果皮色：紫黒　果粒形：円　果粒重：1～3g　肉質：崩壊性　糖度：18～22度　樹勢：強　耐病性：やや強

●品種特性

　ローヌ川流域の偉大な赤ワイン用品種。銘酒のエルミタージュ、コート・ロティーなどを生む。非常に色が濃く、香りはリッチでタフ、長期熟成の濃厚なワインになる。南仏ではブレンド用に使われることも多い。比較的耐病性強く、萌芽は遅いが成熟は早い。酷暑、乾燥地のオーストラリアではシラーズと呼ばれ、広大なバロッサ渓谷などで大成功している。アルゼンチン、アメリカにも広がっている。日本はこれからであるが、色づけの目的で本種を使うところが増えてきている。

ネッビオーロ
Nebbiolo 【醸造用】

　系統：欧州種　原産：イタリア北部ピエモンテ地方　交配親：不詳　倍数性：2倍体　熟期：9月下旬～10月中旬　収量：中位　果皮色：紫黒　果粒形：円　果粒重：1～2g　肉質：崩壊性　糖度：18～22度　樹勢：中位　耐病性：やや弱

●品種特性

　イタリアのピエモンテ地方の土着品種で最高級の銘酒バローロ、バルバレスコを生む赤ワイン用品種。品種名に関し、ネッビアは霧を意味し、ブドウの果粉（蝋粉）が厚く、霧のように見えるから、あるいは秋深く、霧が立ち込める中で収穫するからなどの説がある。このブドウは土壌や気候を選び、栽培はきわめて難しい品種である。

　ワインは強いタンニンと酸味があり、熟成するとスミレ、バラ、ハーブ、チェリー、トリュフなどの複雑な香りを出す長期熟成タイプの滑らかな濃い赤ワインになる。

　オーストラリア、チリ、メキシコでも栽培されている。

プティヴェルド　醸造用
Petit Verdot

　系統：欧州種　原産：フランスのボルドー地域　交配親：不詳　倍数性：2倍体　熟期：9月下旬〜10月中旬　収量：中位　果皮色：紫黒　果粒形：円　果粒重：1〜2g　肉質：崩壊性　糖度：18〜22度　樹勢：中位　耐病性：やや弱

● 品種特性

　最晩熟で、果皮が厚く、完熟するとタンニンが強い。伝統的にボルドーブレンドに数％混ぜて使い、濃い色調のスパイシーなワインになる。開花期の気象が悪いとあきらめて緑の小さい粒の房を切り落としてしまうので、この名前がつけられたという。温暖なオーストラリアでは単一品種のワインができる。山梨県では丸藤葡萄酒の大村春夫がすばらしい単一品種のワインを造り、金賞に輝いた。アルゼンチン、チリ、ニュージーランド、南アフリカ、カリフォルニアなどにもあり、イタリア、スペイン、ポルトガル、それにボルドーでも見直され、温暖化も影響して増えつつある。

テンプラニーリョ　醸造用
Tempranillo

　系統：欧州種　原産：スペインのリオハ　交配親：不詳　倍数性：2倍体　熟期：8月下旬〜9月上旬　収量：中位　果皮色：紫黒　果粒形：円　果粒重：1〜2g　肉質：崩壊性　糖度：18〜22度　樹勢：強　耐病性：やや弱

● 品種特性

　赤ワイン用主要品種。世界第4位（2010年）。スペインとポルトガルで95％を占めている。最も人気があり、スペインワインの大黒柱的品種である。スペイン語で「早熟」の意。

　小粒だが房は大きい。タンニンは滑らかで華やかな香りがあり、熟成するとなめし革、煙草香、樽香などを感じる。ガルナッチャとブレンドすることもあり、さまざまなスタイルのワインがあるが、地域特産の生ハムによく合うワインになる。スペインのロマネコンティと呼ばれる「ベガ・シシリア」は一躍世界で注目されている。移民の多いアルゼンチンでも栽培されている。

アルバリーニョ
Alvarinho

醸造用

　系統：欧州種　原産：スペイン北西部のガリシア地方　交配親：不詳　倍数性：2倍体　熟期：9月中旬　収量：少　果皮色：黄緑　果粒形：円　果粒重：1～2g　肉質：崩壊性　糖度：18～22度　樹勢：強　耐病性：強

品種特性

　イベリア半島で栽培されている白ワイン用ブドウ。欧州種だから雨に弱いという日本人の常識があるが、本種は高温多湿でよく育つという。ペルゴラという棚栽培もあり、「海のブドウ」とも呼ばれている。果皮は厚く、種が多い。ワインは青リンゴ、アプリコットなどの香りがあり、生き生きした酸味があり、バランスのとれた軽やかな辛口。プティマンサンの近親で、ヴィオニエ、ゲヴェルツトラミネールに似ている。20世紀中期になってワイン愛好家に見直され新世界でも栽培されている。日本では新潟のカーブドッチ、フェルミエ、大分の安心院葡萄酒工房などが挑戦している。

ピノグリ
Pinot Gris

醸造用

　系統：欧州種　原産：フランスのブルゴーニュ、あるいはドイツとの説も　交配親：古い時代にピノノワールの突然変異した品種　倍数性：2倍体　熟期：8月下旬～9月中旬　収量：少～中　果皮色：灰色～ピンク～紫　果粒形：円　果粒重：1～2g　肉質：崩壊性　糖度：18～22度　樹勢：中位　耐病性：やや弱

●品種特性

　ブルゴーニュで変異したといわれているが栽培はされていない。収量少なく不安定だったからだろう。しかし栽培技術の向上で人気化し、現在すごい勢いで広がっている。世界19位のワイン用品種（2010年）である。グリとは灰色の意。イタリアではピノグリージョと呼ぶ。アルザス、ドイツ、米国オレゴン州、ニュージーランドなど各地でさまざまなタイプの白ワインになる。スパイシーなハチ蜜香、濃厚でなめらかなワインで、色も黄金色、銅色、ピンクとさまざま。魚介類より豚肉、鶏肉に合うボディーのしっかりした白ワインである。

ガメイ
Gamay Noir 【醸造用】

　系統：欧州種　原産：フランス中東部のリヨン　交配親：不詳だがピノノワール×グーエ・ブランという説もある　倍数性：2倍体　熟期：8月下旬～9月上旬　収量：やや豊産　樹勢：やや弱　果皮色：紫黒　果粒形：円　果粒重：2～3g　肉質：崩壊性　糖度：18～22度　樹勢：やや弱　耐病性：やや弱

●品種特性

　フランスのブルゴーニュの南部にあるボージョレー地区で大々的に栽培されている品種。その年の新酒の祭りに飲むボージョレー・ヌーボーは、この品種で造る。

　このワインは生き生きした爽やかなルビー色で野イチゴやラズベリーのような華やかな香り。タンニンはやや乏しいが、酸は豊かで、軽く、気楽に飲める。生ハム、ソーセージ、チキンナゲットに合う。フランスは世界一栽培面積が多く、ボージョレーが60％を占める。アメリカのカリフォルニアにもガメイがあり、数年間熟成させる濃厚な色のワインも造られている。

マルベック
Malbec 【醸造用】

　系統：欧州種　原産：フランス南西部　交配親：不詳　倍数性：2倍体　熟期：9月中旬～下旬　収量：少　果皮色：紫黒　果粒形：円　果粒重：1～2g　肉質：崩壊性　糖度：18～22度　樹勢：強　耐病性：やや強

●品種特性

　本種はフランス南西部を起源とし、ボルドーではブレンド用の赤ワインであったが霜害にあい、栽培は減少した。カオールではメルローやタナーとブレンドして栽培は盛んである。インクのように濃い色で黒ワインと呼ばれることもある。カベルネやメルローより日照を必要とし、涼しい気候では育ちにくい。アルゼンチンは強い日光と寒暖差があり、メンドーサはマルベックの都と呼ばれ、アルゼンチンを代表する単一品種のワインが名声を得ている。プラム、タバコ、ベリーの香りがあり、ポリフェノールが豊富でタンニンの多い引き締まった赤ワインになり、健康にもよい。

第1部　欧州種・欧亜雑種のブドウ品種　　73

マルヴァジア
Malvasia 【醸造用】

　系統：欧州種　原産：ギリシャの古い土着品種　交配親：不詳　倍数性：2倍体　熟期：9月中旬　収量：多　果皮色：黄緑　果粒形：円　果粒重：1〜2ｇ　肉質：崩壊性　糖度：18〜22度　樹勢：強　耐病性：やや強

●品種特性

　ギリシャ原産の歴史ある品種。イタリアの主要品種の一つで、南部地方、シチリア、サルデーニア島などに多い。スペイン、ポルトガルではマデイラにとって重要な品種。さまざまなスタイルがあり、ブランデーを加える酒精強化ワインの原料でもある。豊産、強健で、平地のブドウは緑がかった黄色の白ワインになり、飲みやすい爽やかなレモン香がある。丘陵地では黄金色でアロマティック、アルコール度の高い、アンズやモモの香りの甘口ワインができる。古い品種だけに地域によって系統もさまざまで、黒いマルヴァジアもあるという。

シュナンブラン
Chenin Blanc 【醸造用】

　系統：欧州種　原産：フランスの北西部ロワール地方　交配親：不詳　倍数性：2倍体　熟期：9月中旬〜下旬　収量：多　果皮色：黄緑　果粒形：円　果粒重：1〜2ｇ　肉質：崩壊性　糖度：18〜22度　樹勢：強　耐病性：やや弱

●品種特性

　もともとフランスではロワールのピノーと呼ばれていた。この白ワインはニュートラルで親しみやすく、テーブルワイン、スパークリング、甘口、辛口、貴腐ワインといろいろなタイプがある。ハチ蜜、リンゴ、花の香りを持ち、安価な飲みよいワインが多い。気温が高い年には複雑な香りが出る。現在では世界中に広がり、南アフリカ、ニュージーランド、アメリカ、カナダ、アルゼンチン、中国などでテーブルワイン造りに使われ、ロワール地方では名物の発泡ワインなど、さまざまなワインが提供されている。

プティマンサン　醸造用
Petit Manseng

系統：欧州種　原産：フランス南西部のポー地域　交配親：不詳　倍数性：2倍体　熟期：9月下旬〜10月中旬　収量：少　果皮色：黄緑　果粒形：円　果粒重：1〜2g　肉質：崩壊性　糖度：18〜23度　樹勢：強　耐病性：強

● 品種特性

　ピレネー山脈のふもとの深い土壌、水はけのよい土地で作られている白ワイン用品種。小房、小粒で収穫量は少ないが、熟すのに時間がかかり、非常に糖度が高く、完熟しても酸が高く下がらない特性がある個性的品種で、世界トップクラスの偉大な甘口ワインになる。栽培面積は少ないがフランスはラングドック地域に多い。天気のよい晩秋が必要な品種である。果皮は厚く降雨による病気に強い。日本では、雨に強い特性に目をつけて栃木県のココ・ファーム、長野県のドメイヌ・ソガが本種に挑戦し、貴重な単一品種ワインを造っている。

タナー　醸造用
Tannat

系統：欧州種　原産：フランス南西部のマディラン地区の土着品種　交配親：不詳　倍数性：2倍体　熟期：9月上旬〜下旬　収量：中位　果皮色：紫黒　果粒形：円　果粒重：1〜2g　肉質：崩壊性　糖度：18〜22度　樹勢：強　耐病性：やや強

● 品種特性

　タナーはタンニンの語源になっている。そういうわけで、この赤ワインの特徴は渋みが強いことである。フランスはバスク・ピレネー地方で多く栽培されている。他のワインに渋みを加えるブレンド用としても使われている。ラズベリー、アプリコット、チェリーに似た果実香があり、濃厚でスパイシーなアルコール度の高いワインになり、ブランデーのアルマニャックの原料品種でもある。バスク人が移民したウルグアイの他、南アメリカ諸国、オーストラリア、カリフォルニアでも劇的に増植されている。

ランブルスコ　醸造用
Lambrusco

　系統：欧州種　原産：イタリア北東部のエミリア・ロマーニャ州　交配親：不詳（60〜100亜種あるという）　倍数性：2倍体　熟期：9月中旬　収量：多　果皮色：紫黒　果粒形：円　果粒重：1〜2g　肉質：崩壊性　糖度：18〜20度　樹勢：中　耐病性：やや強

●品種特性

　美食の都と呼ばれるエミリア・ロマーニャ州やロンバルディア州で大栽培され、天然微発泡性の赤ワインができる。2000年以上の歴史ある品種。イタリアワインの中で輸出量が最も多い人気ワイン。甘口から辛口まであり、フルーティーで爽やか、タンニンは少なく、気軽に飲める安価なワインが主で、ロゼや白もある。地域の名産であるパルマの生ハム、チーズのパルミジャーノ・レッジャーノ、脂っこい肉料理に合い、口中をサッパリさせてくれるから相性抜群のワインである。品種は輸入したが、残念ながら日本ではあまり注目されていない。

ジンファンデル　醸造用
Zinfandel

　系統：欧州種　原産：クロアチア　交配親：不詳だがクロアチアの古い品種の自然交雑だとの説がある　倍数性：2倍体　熟期：8月下旬〜9月上旬　収量：多　果皮色：紫黒　果粒形：円　果粒重：2〜3g　肉質：崩壊性　糖度：18〜22度　樹勢：強　耐病性：やや弱

●品種特性

　カリフォルニアで広く栽培されている赤ワイン種である。1990年代に遺伝子解析でイタリア南部にあるプリミティーボと同一品種であり、もとはクロアチアの品種だとわかった。収量が多く、貴重な品種ではないと軽視されていたが、寒冷なナパヴァレーなどで本格的栽培をするとラズベリー香のある優れたワインができることがわかって注目されている。薄いピンク色のホワイトジンファンデルは軟らかく軽いやや甘口でアメリカ人に人気があり、一方で重厚な本格的赤ワインもある。イタリアでも見直され、南アフリカ、オーストラリアでも栽培されている。

ムールヴェードル
Mourvedre 〔醸造用〕

系統：欧州種　原産：スペインのバレンシア地方（15世紀）　倍数性：2倍体　熟期：9月下旬　収量：中位　果皮色：紫黒　果粒形：円　果粒重：1〜2g　肉質：崩壊性　糖度：18〜23度　樹勢：強　耐病性：やや弱

● 品種特性

世界の85％はスペインで栽培されていて、モナストレルと呼ばれている。中世末期に南仏のラングドック・ルーション、プロヴァンスにも広がった。オーストラリアとアメリカではマタロと呼ばれている。深みのある色と締まったタンニンの赤ワインになる。晩熟だが糖度は非常に高く、濃厚なワインになる。土壌の適応力は強いが寒冷地には向かない。グルナッシュ、サンソー、カリニアンなどの他品種とブレンドしてシャトーヌフ・デュ・パプのような銘酒にもなる。テーブルワイン、ロゼワインが多い。日本で使う台木の1202号はこれとルペストリスを交配した直産雑種である。

ミュスカデ
Muscadet 〔醸造用〕

系統：欧州種　原産：フランスのロワール川河口　交配親：不詳　倍数性：2倍体　熟期：9月中旬　収量：中位　果皮色：黄緑　果粒形：円　果粒重：1〜2g　肉質：崩壊性　糖度：18〜22度　樹勢：強　耐病性：やや弱

● 品種特性

正式にはムロン・ド・ブルゴーニュと呼ばれ、マスクメロンの香りのする軽く、さっぱりした辛口の白ワイン用品種である。淡いマスカット香があり、酸味は強い。こくを出すため滓とワインを半年ほど置いておくシュールリー製法のワインが多い。

日本では甲州種ワインにこの方法を使っている例がある。ローマ時代の3世紀の頃からの歴史ある品種で片親がシャルドネではないかとされている。名前は似ているが、「ミュスカ」はマスカット種で本種とは異なり、「ミュスカデル」とも異なるので注意すること。

トロリンガー
Trollinger 　　醸造用

　系統：欧州種　原産：イタリア北部のチロル地方　交配親：不詳　倍数性：2倍体　熟期：9月下旬～10月上旬　収量：多　果皮色：紫黒　果粒形：円　果粒重：1～2g　肉質：崩壊性　糖度：18～22度　樹勢：強　耐病性：やや強

● 品種特性

　原産はイタリアだが16世紀中頃ドイツに移植され、ヴルテムベルク地域に栽培が多い赤ワイン用品種であり、ドイツの赤ワインの第4位（2011年）を占める。また、本種はケルナー（トロリンガー×リースリング）の母親でもある。ドイツは白ワインの生産が圧倒的に多い（80～90％）が、最近は赤ワインが徐々に増えつつある。このブドウは晩熟だが、ワインは早くから飲める。フレッシュで香り高く、軽いが力強く、キレがあり、酸味も豊か。ブドウ樹は寒さ、乾燥に強く、強健で栽培は比較的容易である。

トレッビアーノ
Trebbiano 　　醸造用

　系統：欧州種　原産：イタリア　交配親：不詳　倍数性：2倍体　熟期：9月中旬　収量：多　果皮色：黄緑　果粒形：円　果粒重：1～2g　肉質：崩壊性　糖度：18～22度　樹勢：強　耐病性：やや強

● 品種特性

　イタリア全土、フランスなどに多い白ワイン用品種。世界で第2位を占めるワインの主要品種である。フランスではユニブラン、サンテミリオンと呼ばれている。澄んだ香ばしい若葉、柑橘の香りで、強い酸味があり、金色がかった黄色の辛口ワインになる。用途が広く、ベルモット、コニャックなどのブランデーの原料、発泡ワイン、バルサミコにも。

　クローンは多く、代表的なトスカーノ、ロマニョーロ、ジャッロなど、イタリアワインの3分の1を占める。ポルトガル、アルゼンチン、オーストラリア、カリフォルニアでも栽培されている。

ゲヴェルツトラミネール
Gewürztraminer 【醸造用】

　系統：欧州種　原産：フランスのアルザス（1870年代より）　交配親：不詳だが、古くからチロルで栽培されていたトラミナー種の変異種という説がある　倍数性：2倍体　熟期：8月下旬～9月上旬　収量：中位　果皮色：黄緑～灰色を帯びたピンク　果粒形：円　果粒重：1～3g　肉質：崩壊性　糖度：18～22度　樹勢：中位　耐病性：やや弱

● **品種特性**

　フランスのアルザス地方の原産種。ゲヴェルツはドイツ語の「芳香」の意。初心者でも識別できるような高い芳香を持ち、バラやライチのフローラルな香りにたとえられる。果皮は肉厚。比較的冷涼な土地に適す。現在、ハンガリー、スイス、イタリアでも栽培され、オーストラリア、アメリカのオレゴン州、ワシントン州、カナダ、アルゼンチンなどの新世界にも。日本では北海道で栽培されていて、独特の個性的な芳香を持った白ワインが生産され、注目されている。

サンソー
Cinsault 【醸造用】

　系統：欧州種　原産：フランス南部のラングドッグ・ルション　交配親：不詳　倍数性：2倍体　熟期：9月下旬～10月中旬　収量：多　果皮色：紫黒　果粒形：短楕円～円　果粒重：2～3g　肉質：崩壊性　糖度：17～19度　樹勢：やや弱　耐病性：やや弱

● **品種特性**

　南フランスのプロヴァンス沿岸地帯の赤ワイン、ロゼワイン用品種。豊産だが収量を抑えるといいワインになる。果実味があり、モモ、イチゴ、スグリなどの香りがある。バラの花びらに似た色調の若飲みに向くロゼワインが人気。グルナッシュやカリニヤンにブレンドしてそれらの個性（タンニン）を柔らげる重宝な品種でもある。フランス南部、コルシカ島などの石灰岩の少ない土壌を好み、減少しつつあるが、2.5万ha程度栽培されている。

棚下の着色初期の果房（8月下旬）

果粒縦断面と粒形　　収穫果（9月上旬）

甲州
Kosyu

生食・醸造兼用

系統：欧亜雑種　原産：山梨県の原産種（800〜1000年の栽培歴あり）　交配親：自然交雑（DNA解析により71.5%が欧州種、残りが中国の野生種ダヴィディと推定され、中国から運ばれた種からの実生と思われる）　倍数性：2倍体　熟期：9月下旬〜10月中旬　収量：最多　果皮色：紫紅　果粒形：楕円　果粒重：3〜6g　肉質：塊状　糖度：16〜23度　樹勢：強　耐病性：強

●品種特性

中国から仏教が伝来した頃、種子で運ばれてきた実生と推定されている日本最古のブドウ品種である。日本の縄文時代には、ブドウは野生種しかなかった。本種は山梨県の勝沼を中心に約千年の栽培歴史があるが、現在では、日本を代表するオリジナル白ワイン用品種として脚光を浴びている。

野生種の遺伝子を含む本種は、降雨の多い多湿な日本の気候に耐え、独特な色沢の晩熟ブドウとして鎌倉時代から今日まで日本人に親しまれてきた。果皮は厚く、裂果しない。粒着適度で摘粒不要の省力品種である。耐病性強く、樹勢は旺盛で豊産・長寿である。脱粒性なく貯蔵性があり、輸送性も最強で、観光、直売、宅配、観賞、趣味栽培にも適す。

香りがなく、ワイン用としては平凡な品種と思われていたが、フランスのワイン専用種と同じ柑橘系の香味成分の前駆物質が発見され、研究の結果、「甲州きいろ香」ワインが誕生し、それがきっかけとなり甲州ワインの品質向上が著しい。日本の和食に合うオリジナルワインとして世界に輸出する運動が広がり始め、現在では、日本のワイン界をリードする品種として注目を集めている。

2014年のブドウ栽培面積は10位にランクされているが、今後はワイン用原料として増産する動きがある。

甲州三尺
Koshu Sanjaku 〈生食・醸造兼用〉

系統：欧亜雑種　原産：山梨県甲府市東部（明治中期頃）　交配親：不詳だが甲州種の枝変わりの可能性あり　倍数性：2倍体　熟期：8月下旬～9月上旬　収量：多　果皮色：黄緑～淡紅　果粒形：楕円　果粒重：4～6g　肉質：塊状　糖度：17～19度　樹勢：強　耐病性：強

● 品種特性

　明治の園芸研究家、福羽逸人が調査して記載した品種で、甲府市東部にあった改良種である。最近の遺伝子解析の結果、甲州の近縁変異種と判明した。果房超大で粗着だから、摘粒は必要ない。果皮も厚く、日持ちもよい。豊産で耐病性強く、栽培容易である。果皮の薄い裂果しやすい欧州種の改良の親として価値が高く、本種を親に、ネオマスカット、紅三尺、甲斐路、ビジュノワールなどが生まれている。香りがなく、淡白な味わいだから交配しても純欧州種の親の特性を損ねないよさがある。日本の育種になくてはならない貴重品種である。

竜眼
Ryugan 〈生食・醸造兼用〉

系統：欧州種（東洋系）　原産：中国の東北部　交配親：不詳だが自然交雑種かも　倍数性：2倍体　熟期：9月下旬～10月中旬　収量：多　果皮色：紫赤　果粒形：短楕円　肉質：崩壊性　糖度：16～18度　樹勢：強　耐病性：やや強

● 品種特性

　中国東北部の主要品種。日本では長野県の善光寺平で長く栽培され、善光寺ブドウとも呼ばれている。生食醸造兼用種であるが、大房のため、観賞用にもなる。果皮が厚く、貯蔵性、輸送性はよい。ワインの香りは少ないが甲州種のワインに似て、酸はマイルドで、あっさりして淡白である。ミネラル感のある果実味があり、和食によく合う。ウイルスフリー化したが糖度は18度程度にしか上昇せず、あまり高くならない。今まで甲州種の祖先と思われていたが、遺伝子解析の結果、直接的な関係はないことがわかった。

ビジュノワール
Bijou Noir

【醸造用】

　系統：欧亜雑種　作出：山梨県果樹試験場（1986年交配）　交配親：(甲州三尺×メルロー)×マルベック（2006年品種登録）倍数性：2倍体　熟期：9月上旬　収量：中～多　果皮色：紫黒　果粒形：円　果粒重：2～3ｇ　肉質：崩壊性　糖度：20～23度　樹勢：中　耐病性：やや強

● 品種特性

　フランス語で黒い宝石の意。日本の気候に適す赤ワイン用品種で、萌芽は遅く、熟期は早く、晩霜にあわず、秋雨や台風の影響を受けにくい。色つきが抜群によく、九州でも着色よく、北海道でも耐寒性がある。果肉が厚く、糖度が高く、果粒に弾力があり果粉が多い。ワインは酸少なくまろやかで、色素が濃くボディーがあり、タンニン多く、ブレンド用にもいい。カベルネやメルローより酒色も濃く、日本のワイン用品種の改良種中、現在全国的に最も期待される黒品種。山梨を中心に、長野、島根県などが栽培に力を入れている。

ヤマブラン
Yama Blanc

【醸造用】

　系統：欧亜雑種　作出：山梨大学の山川祥秀教授等（1988年交配）　交配親：ピノノワール×(山ブドウ×ピノノワール)（2000年品種登録）倍数性：2倍体　熟期：9月中旬～下旬　収量：中　果皮色：黄緑　果粒形：円　果粒重：1～2ｇ　肉質：塊状　糖度：18～22度　樹勢：やや弱　耐病性：強

● 品種特性

　ヤマソービニオンを作出した山梨大学が作った白ワイン用品種である。これはピノノワールの戻し交配といい、遺伝子的にはピノノワールが4分の3、山ブドウが4分の1になり、それだけピノノワールの品質に近づいている。酸は多いが、アルコール度数が高くボディーがあり、香気はないが爽やかな白ワインになる。しかも山ブドウの遺伝子が入っているから病気に強く、日本の気候に適し、栽培容易である。ビジュノワールも4分の1が甲州三尺で、気候適応性が高い。アジア系野生種の遺伝子が4分の1以下の交配法は注目に値する。

ヤマソービニオン　【醸造用】
Yama Sauvignon

系統：欧亜雑種　作出：山梨大学の山川祥秀教授等（1978年交配）　交配親：山ブドウ×カベルネソービニヨン（1990年品種登録）　熟期：9月上旬　収量：多　果皮色：紫黒　果粒形：円　果粒重：2〜3g　肉質：塊状　糖度：18〜22度　樹勢：強　耐病性：強

● 品種特性

醸造学科がある山梨大学が、日本の気候に合ったワイン用品種を目指して御坂峠の山ブドウ（ヴィティス・コワニティーエ）と最高品種のカベルネソービニヨンをかけ合わせてできたのが本種である。片親は日本の気候になじんできた野生種だから減法強健で病気に強い。色づきがよく、ワイングラスの内側が染まるほど濃い赤ワインになる。山ブドウのスパイシーな香りとカベルネの風味が凝縮してポリフェノールが豊富な赤ワインが誕生した。熟成させると飲みやすくなり、山梨、長野、山形、岩手、北海道へと、省農薬栽培が試みられている。

アムレンシス　【醸造用】
Vitis amurensis

系統：東洋系野生種の一種　原産：中国とロシアの国境に流れるアムール川（黒龍江）沿岸地域、北海道にも自生　交配親：不詳　倍数性：2倍体　熟期：9月下旬〜10月上旬　収量：多　果皮色：紫黒　果粒形：円　肉質：軟、多汁　糖度：10〜13度、16〜20度と様々　樹勢：強　耐病性：強

● 品種特性

チョウセンヤマブドウとも呼ばれ、極東、朝鮮半島にも自生する。東アジアに40種ほどある野生種の一種。耐寒性が強く−40度にも耐える。雌雄異株である。北海道池田町の十勝ワインは、野山に自生する本種を採取し、また、その交配種などの耐寒性品種を栽培してワイン醸造したことなどで有名。ロシアのミチューリン博士は米国種などと本種を交雑させ、ルスキーコンコード、セベルヌイ、チェルヌーイなど、多くの耐寒性品種を育種した。

第1部　欧州種・欧亜雑種のブドウ品種

◆コラム

ブドウ樹の寿命

樹齢およそ50年の
甲斐路の古木

　ブドウの寿命はどれくらいか？　20年生の藤稔の果粒がだんだん小さくなってきたという質問をいただいた。働き盛りなのに、若木のうちに稼ぎ過ぎて、疲れ果てたのだろうか。あまり無理をして収穫量を多くすると、ブドウも寿命が縮むのである。
　本来、ブドウ樹は長命で、土地に恵まれて管理が適切だと、人の寿命くらい長持ちする。品種にもよる。米国系品種は野性的で強健だから寿命が長い。父の正蔵が育種した甲斐路は欧州種であり、多雨の日本では寿命が短い。それでも植原葡萄研究所では50年以上の長寿を保った。ただし、味はよいが、枝ぶりは年々元気がなくなり、樹冠を縮小させて収量を制限し、どうにか記念樹として残している。
　収量的にも品質的にもブドウの最盛期は10年から30年くらいがふつうである。20年を過ぎる頃から樹をそれ以上拡大させないで、現状維持するのがいい。30年を過ぎたら徐々に縮小させ、開けた空間に若い樹を植える。最近は人気の新品種、シャインマスカットを植える人も多い。こうして古木を若木と交代させるのである。
　植原葡萄研究所では、明治生まれの祖父の代からブドウを作り続けている。だから、ブドウ園はいつも若木と成木と老木が混在している。ちょうど、私ども老人夫婦、息子夫婦、孫たちの3世代がにぎやかに同居している今のわが家と同じようなものだ。
　ブドウは3年目には小房をつけるが、本格的には5年目くらいからりっぱな房になる。若木時代は成長ホルモンが多く、いい実をたくさんつける。働き盛りの人間と同じだが、定年後になるとまちがいなく収穫量は減少する。経済的には若い樹を育てて、早め早めに樹、品種を世代交代させるのが有利である。

第2部
欧米雑種・米国系のブドウ品種

棚下のマスカットベーリーA（欧米雑種）

欧米雑種の分布と品種特性

欧州種と米国種の中間的特性

　新大陸アメリカに渡った欧州人は、北米の東海岸地域でアメリカ系の野生ブドウを発見した。数種の野生種がある中で、現在、基本種となっているヴィティス ラブラスカ（Vitis Labrusca L.）が米国種の代表であり、これと欧州種を交配したものを欧米雑種という。その中にはヴィティス ラブラスカーナと呼ばれる、他の米国系野生種が入った交配品種も少し含まれている。

　欧米雑種は、欧州種の優秀な特性に、耐湿性、耐寒性のある栽培しやすいアメリカブドウの特性を付与することを目的に交雑した品種であり、多数の品種が作出された。一般的には、この欧米雑種は両種の中間的な特性を持っている。

　明治時代に導入されたブドウのうち、欧州種は日本の気候に合わず、栽培はほぼ失敗に終わったが、米国種とこの欧米雑種は雨が多く多湿な日本の気候下でもよく耐えて栽培できたものが多い。その中で最も普及した品種は赤い小粒のデラウェアと黒い中粒のキャンベルアーリーだった。デラウェアは非常に早熟な品種で耐寒性も強く、全国的に栽培可能で、九州から北海道まで分布した。また、キャンベルアーリーもやや早熟で、耐寒性もあり、全国で栽培され、北海道でも栽培に成功した品種である。

　デラウェアはその後ジベレリン処理による種なし化（1950年代後半）が成功したため、消費者の人気を得て普及し、現在でも栽培面積は第2位の、非常に長期間にわたりブドウ界に貢献している国民的な主要品種である。

　その後、日本国内においても欧州種と米国種の交配が盛んに行われ、現在まで数多くの欧米雑種が育成されている。新潟県の川上善兵衛は、キャンベルアーリーなど多種の導入普及に貢献し、欧米雑種で生食・醸造兼用種のマスカットベーリーA（1940年発表）を作出した。現在、この品種は赤ワイン用として最も多く各地で栽培されており、赤ワイン用としての醸造量は第1位である。全ブドウ栽培面積では第7位（2014年、365ha）を占めている。

　静岡県の大井上康は、キャンベルアーリーの4倍体変異である石原早生と欧州種であるロザキの4倍体変異のセンティニアルを交配して巨峰（1937〜42年頃）を育種した。

　欧米雑種であるから巨峰は病気には耐えられたが、4倍体品種だったから初めのうちは開花時の花流れがひどく、粒がまばらで実がまとまらず、非常に栽培が難しかった。育種者は巨峰の普及を見ることなく他界した。その後、多くの栽培者が工夫を重ね、だんだん人気が高まり、普及してきた。そして、デラウェアより濃度を薄めた2回のジベレリン処理（25ppm）による種なし化が成功すると、食べやすくなった巨大粒の種なしに消費者の人気が沸騰するほど上昇した。

不動の栽培面積第1位の巨峰

　作出から約80年経過した現在、巨峰の栽培技術が確立しており、不動の栽培面積第1位という、日本を代表する主要品種（2014年、約4600ha）として君臨している。川上善兵衛と大井上康は「ブドウの父」と呼ばれており、偉大な貢献をした日本の育種の大先輩である。

　戦後になって、静岡県の井川秀雄がピオーネ（1957年交配）を作出し、この品種は巨峰以上に粒が大きく、欧州種に近づいて品質が向上した。現在、第3位の栽培面積（約2400ha）であり、巨峰と合わせると、4倍体巨大粒品種が全体の約50％を占めて

いる。
　このように、日本の欧米雑種は巨峰系4倍体品種が主流になっていて、ブドウ界は欧州種が主流の欧米諸国が想像もしなかったような、異なる方向に発展してきたともいえる。さらに、隣国の中国、台湾、韓国も巨峰系の4倍体品種が好評で、中国では欧州種が主流であった時代から、比較的降雨の多い沿岸部周辺地域では巨峰、ピオーネなどの日本の品種が主流になってきている。
　内陸部の乾燥した降雨の少ない地域が欧州系品種の適地であって、シルクロードを伝わってきた品種が現在も、新疆ウイグル地域の住民によってトルファンなどで栽培されているという。中国は複雑な地域構造になっているのである。中国は広大な領土を持っている大国であり、ヨーロッパの全領土より広い。ブドウ栽培面積も、統計を見ると驚くことに今や中国は世界第2位なのである。
　欧州種がブドウの90％以上を占めていた時代が長く続いていたが、日本を先頭に、東アジア諸国の発展しだいでは、欧米雑種のブドウがだんだん勢力を伸ばす時代が来ている。世界のブドウの分布地図を変える可能性もあるのである。

巨峰系4倍体品種が主流に

　さて、日本に話を戻すと、ゴルフボール大の新品種が話題をさらったことがある。神奈川県の青木一直（1985年登録）が作出した巨峰系品種群の藤稔（2014年、栽培面積第9位）である。巨峰やピオーネが温暖化で着色不良になり、赤熟れ果が発生しやすく苦しんでいる中、夜温の高すぎる平地でも毎年紫黒色に完全着色する藤稔は、巨大粒でゴルフボールを超えるボリュームの粒になる。糖度はやや低く、あっさりした味わいだが、この巨大粒と着色のよさは魅力で、都会周辺の観光農園での人気は抜群である。

安芸クイーンは果皮が紅色の大粒種

　この藤稔にピオーネを交配して熊本県の河野隆夫がブラックビート（1990年交配）を作出した。早熟で味もよく、紫黒色で着色は抜群である。国が作出した紅色の安芸クイーン（1973年、実生）は食味最高のオリンピア（赤品種、ハチ蜜味）に似た最高級の品種である。さらに、ゴルビー（1983年交配、赤品種、植原宣紘）、国作出のクイーンニーナ（1992年交配、赤品種）、石川県のルビーロマン（1995年実生、赤品種）など、話題性のある巨峰系巨大粒4倍体品種が次々に作出され、競い合っている。

皮ごと食べる種なし大粒時代へ

　長野県作出のナガノパープル（2004年登録、2014年栽培面積第13位）は紫黒色の巨峰系品種だが、果皮の薄いリザマート（典型的欧州種）が親であり、皮ごと食べられることで人気がある。今、最高に人気があるシャインマスカット（1988年交配、黄緑色、2014年栽培面積第4位）は欧州種のような外観だが、じつはわずかに米国系の遺伝子が入った欧米雑種である。
　ナガノパープルの人気を見ると、いずれ、巨峰、ピオーネの全盛時代は、皮ごと食べられる、種なしの大粒品種時代へ徐々に移行していくだろう。時代は進む。育種に終着点はないのだと思うしかない。

カサかけの果房

ブラックオリンピアとオリンピア（右）の果房比較

ブラックオリンピア
Black Olympia　　生食用

系統：欧米雑種　作出：東京都の澤登晴雄（1953年頃）　交配親：巨峰×巨鯨　倍数性：4倍体　熟期：8月上旬～下旬　収量：中位　果皮色：紫黒　果粒形：短楕円　果粒重：13～20g　肉質：中間　糖度：16～22度　樹勢：強　耐病性：強

● 品種特性

巨峰群品種中、品質高く、人気の高い改良種の一つ。オリンピアの兄弟品種として発表されてきたが、色素分析の結果、このブラックオリンピアは巨峰とほとんど同一であり、巨峰の優良系統の一種との見方もある。

大房で実止まりは巨峰よりよく、無核粒の混入も少なく栽培しやすい。果粒は巨峰より長い楕円形で大きく、最大20gにもなる。果粉厚く、美しい紫黒色で着色良好。果肉締まり、滑らかで、品質食味は優れ、巨峰よりピオーネの品質に近い。熟期も巨峰より数日間早く、香りも上品である。酸味、渋みは巨峰より少ない。豊産で裂果も少ない。脱粒性は中で、巨峰よりよく、日持ちもややよい。

樹勢は強く、耐病性も巨峰と同じで、栽培も比較的容易で手入れ、房作り、摘粒が簡単。栽培は巨峰に準じて行えばいい。ジベレリン処理法も同じで種なしになる。2014年のブドウ栽培面積の順位は、29位である。

ウイルスフリー化してさらに糖度が高くなり、完熟すると22度になった。観光直売にも人気があり、趣味栽培しても作りやすい優良種である。

カサかけの果房（9月上旬）

果粒縦断面と粒形　　収穫果（8月下旬）

シャインマスカット
Shine Muscat

生食用

系統：欧米雑種　作出：国の農研機構（1988年交配、2006年品種登録）　交配親：（スチューベン×マスカットオブアレキサンドリア）×白南（カッタクルガン×甲斐路）　倍数性：2倍体　熟期：8月中旬～下旬　収量：中～多　果皮色：黄緑　果粒形：楕円　果粒重：12～16g　肉質：崩壊性　糖度：20～22度　樹勢：強　耐病性：やや強

●品種特性

　国が作った最高傑作の人気品種である。外観は純粋な欧州種に見えるが、交配は母親に欧米雑種のスチューベンが入っているので欧米雑種（米国系遺伝子は8分の1以下）ということになる。父親の白南は筆者が交配した品種だが、果実に斑点状のしみが多発し、食味は最高だったがあきらめた品種である。

　黄緑色、大粒で外観もよく、熟期は早く巨峰と同期であり、肉質硬く歯ごたえのいい崩壊性でマスカット香があり、優れた欧州種の食味を持つ。糖度は高く、酸は巨峰より低い。裂果はなく、満開時と満開後のジベレリン処理（25ppm）により種なしになり、果皮はやや薄く皮ごと食べられる。日持ち、輸送性、貯蔵性もよく、海外輸出も伸びている。

　栽培順位は急上昇し4位（2014年）である。非常に人気が高く、生産過剰が心配なほど栽培面積は増えているが、価格はいまだに高いまま（2017年）である。最新式の冷蔵による貯蔵方法が開発され、4か月後の12月になっても新鮮さを保ったままの販売が可能になった。恐るべき可能性を持っており、ブドウ栽培史に大革命をもたらした品種として長く記憶されるだろう。

　樹勢は旺盛で、耐病性強く、高級品種ではあるが、九州から東北まで広範囲に普及し、栽培は容易で、安定性がある。ただし、黒とう病には注意を要し、発芽前の休眠期防除はていねいに行うべきである。

棚下の果房

果粒縦断面と粒形

収穫果（8月下旬）

サニールージュ　　生食用
Sunny Rouge

系統：欧米雑種　作出：国の農研機構（広島市安芸津）　交配親：ピオーネ×レッドパール（2000年品種登録）　倍数性：4倍体　熟期：7月下旬〜8月中旬　収量：多　果皮色：赤褐〜紫赤　果粒形：短楕円　果粒重：5〜6g　肉質：中間　糖度：17〜19度　樹勢：強　耐病性：強

●品種特性

人気抜群の早熟種の紫紅色品種である。自然状態では花振るい性が強く、ジベレリン処理は必須であり、この処理による種なし栽培が前提となる品種。満開時とその約10日後に25ppmにて2回処理すると、果粒が肥大して密着した果房が安定して得られ、300〜400gの円筒形房になる。

ジベレリン早期処理による省力栽培も実証されている。着色は容易で豊産であるが、早熟種の長所を十分に生かすためには、房形、房重などをチェックして収量制限すべきである。

若木に比べて樹齢が進むと、房、粒ともにだんだん大きくなる。果肉は適度に締まり、弱い一種のフォクシー香があり、糖度も高く多汁で、食味は優れている。人気のピオーネ（巨峰×カノンホールマスカット）が父親で、母親がデラウェアの食味を持つレッドパール（デラウェアの4倍体変異）だから、本種は栽培面積1位の巨峰と2位のデラウェアを融合した食味を持っている。

日本人好みの香りとジューシーな味わいの種なし品種であり、しかも早熟でデラウェアと巨峰の間の8月上旬に熟す。デラウェアより大房、大粒の早熟種なし品種として各地に定着しはじめていて、2014年のブドウ栽培面積は26位にランクされている。

カサかけの果房（9月上旬）

果粒縦断面と粒形

収穫果（8月下旬）

巨峰
Kyoho 　　生食用

系統：欧米雑種　作出：静岡県の大井上康（1937〜42年頃）　交配親：石原早生×センティニアル　倍数性：4倍体　熟期：8月中旬〜9月上旬　収量：中位　果皮色：紫黒　果粒形：倒卵　果粒重：10〜15g　肉質：中間　糖度：16〜20度　樹勢：強　耐病性：やや強

● **品種特性**

日本の主要品種。2014年のブドウ栽培面積で第1位である。石原早生はキャンベルアーリーの早生巨大変芽、センティニアルはロザキの巨大変芽であり、この交配を皮切りに4倍体巨大粒品種群が多数育成され、これらは巨峰群品種と呼ばれている。ジベレリン処理による種なし栽培が成功し、巨峰群品種はほぼ種なし化できるので、現在の日本のブドウは、世界一大きな種なしブドウが主流になっている。満開直後と2週間後のジベレリン処理（25ppm）で早熟化して種なしになり、8月の旧盆頃から露地ものが出荷され、第2位のデラウェアと巨峰で市場ブドウの約50％を占めている。

果皮は剥きやすく、肉質はやや硬く、多汁で糖度が高く、濃厚な味とキャンベルに似たアメリカ系の芳香。房はジベ処理前から整形して、その後円筒形に作り、摘粒により粒数を制限すれば着色がよく、最大20gの巨大果粒にもなる。裂果は少ないが、大粒で落ちやすく、密着房にして400g程度の中房にすると日持ちがよい。

4倍体品種であるから、樹勢は強く、強い剪定をすると花流れしやすい欠点があるが、強い剪定の短梢栽培でも、ジベ処理にフルメットを混用すると実止まりがよくなるので、巨峰の欠点は克服され、栽培は安定している。欧米雑種であるから、耐病性はやや強く、栽培は容易であるが、完熟して糖度が高くなると、晩腐病が発生しやすく、注意が必要である。成熟期の気温が高いと着色が悪くなるので、収量は10a当たり1.2〜1.5tに制限するとよい。

棚下の果房

果粒縦断面と粒形

収穫果（8月下旬）

ピオーネ
Pione

生食用

系統：欧米雑種　作出：静岡県の井川秀雄（1957年交配）　交配親：巨峰×カノンホールマスカット（？）　倍数性：4倍体　熟期：8月上旬～中旬、種ありは8月下旬～9月上旬　収量：中位　果皮色：紫黒　果粒形：倒卵　果粒重：14～20g　肉質：中間　糖度：16～21度　樹勢：強　耐病性：中位

● 品種特性

本種は1973年に品種登録された。主要品種で栽培面積は第3位（2010年）である。巨峰より大粒で品質が高く、ボリューム感あるが、着色が難しく、気温の高い平地より標高の高い傾斜地のほうが着色に有利である。ジベレリン処理により種なし化し、さらに早熟化し大粒になる。肉質も巨峰より締まり、脱粒性も巨峰より強く、果皮と果肉の分離は中くらいで欧州種に近い。米国系のフォクシー香があり、食味は巨峰より優れている。品質は高いが、父親がマスカットオブアレキサンドリアの突然変異したカノンホールマスカットではない、異品種の可能性もある。

樹勢は強く、巨峰より旺盛である。花流れ性もあり、巨峰より栽培は難しい品種であるが、ジベレリン処理にフルメットを加えることで安定栽培ができるようになり、巨峰より市場価格も高いため、2000～2010年頃、人気が上昇し、ピオーネ時代が到来するかとも思われた。しかし、気候の温暖化で赤熟れ（着色不良）が各地で発生し始め、最近は着色のいい巨峰や藤稔に栽培者の人気が戻る傾向もある。高級感のある本種は着色のいい適地を選ぶ必要がある。2014年のブドウ栽培面積は巨峰、デラウェアに次ぎ、3位である。

耐病性は強く、巨峰と同程度だが、糖度が高まると巨峰以上に晩腐病が発生しやすく、本種では、雨を防ぎ、晩腐病から房を守る簡易被覆栽培が普及している。

棚下の果房

果粒縦断面と粒形

収穫果（8月下旬）

藤稔
Fujiminori
【生食用】

系統：欧米雑種　作出：神奈川県の青木一直（1978年交配、1985年品種登録）　交配親：井川682号×ピオーネ　倍数性：4倍体　熟期：8月中旬～下旬　収量：やや多　果皮色：紫黒　果粒形：短楕円　果粒重：15～25g　肉質：中間　糖度：17～19度　樹勢：強　耐病性：強

● 品種特性

ゴルフボール大の巨大粒で話題を呼んだ本種の最大の売りは、果粒の大きさ。ジベレリン処理（巨峰、ピオーネに準じる）で種なしになり、フルメットを加用すると20gを超える大粒になり、最大32gにもなる。発売以来40年を超えるが、苗木販売順位は初期の10年間は4位程度が続いていた。2014年のブドウ栽培面積の順位は9位とはいえ、息の長い人気が続いている。粒の大きさに加えて、着色のよさ、作りやすさが人気の長さを支えている。

4～5年生の徒長的な若木時代はやや裂果が発生するが、樹冠を拡大させ、成木になると裂果しなくなる。果肉はやや軟らかいが、適地のものは締まってピオーネに近く、繊維質が残らず食べやすい。多汁で、糖度はそれほど高くないが、酸が適度で渋み、香りはなくあっさりした食味であり、巨峰のようなしつこさがなく、かえって現代人好みである。特に直売店、観光園での人気は高く、目玉商品だという。

樹勢は強く、強健で耐病性も強く、栽培容易。温暖化傾向の中、ピオーネや巨峰まで赤熟れ果が発生して着色障害が問題になってきているが、本種はその中でも着色容易で生産が安定している。

棚下の果房

果粒縦断面と粒形

収穫果（8月下旬）

安芸クイーン
Aki Queen　　**生食用**

　系統：欧米雑種　作出：国の農研機構（1973年実生播種、1993年品種登録）　交配親：巨峰の自家受粉実生　倍数性：4倍体　熟期：8月中旬　収量：やや少～中　果皮色：鮮紅　果粒形：倒卵　果粒重：12～16g　肉質：中間　糖度：18～20度　樹勢：強　耐病性：強

● 品種特性

　巨峰系4倍体品種の中で最もおいしい品種は紅色のオリンピアで、ハチ蜜に似た甘さがある。しかし、裂果性がひどいため栽培が難しく、だんだん栽培面積が少なくなっている。安芸クイーンは、オリンピアに最も似た味で裂果も少なく、期待されている。

　本種は国が育成した巨峰の実生で、鮮紅色巨大粒品種である。実止まりは不安定だが、ジベレリン処理1回目にフルメットを混用すれば安定して良房を得られ、種なしになる。処理方法は巨峰やピオーネに準じて行う。やや小房だが食味は抜群で、裂果も少なく、糖度も高く、肉質も紅伊豆、竜宝、紅瑞宝などより締まり、オリンピアの食味に近いハチ蜜のようなこくやうまみと、わずかなフォクシー香がある。味の点では数ある品種中、最優秀品種である。しかし、2014年のブドウ栽培面積の順位は20位で、やや伸び悩んでいる。

　問題は着色で、成熟期が高温だと着色が十分に進まず、薄いピンク色で止まってしまう年がある。ジベレリン処理すると、ますます着色が進まなくなりやすい。味は最高だから、直売や観光園での対面販売ならば顧客には納得してもらえるが、市場出荷の場合は鮮紅色の着色が要求されるので、淡い色では高値がつかない。

　最近の温暖化傾向の中では、標高のやや高い山裾の傾斜地など、日中と夜間の気温差のある着色適地を選ぶ必要がある。

カサかけの果房（9月上旬）

収穫果（8月下旬）

ゴルビー
Gorby

生食用

系統：欧米雑種　作出：山梨県の植原宣紘（1983年交配、1988年初結果）　交配親：レッドクイーン×伊豆錦　倍数性：4倍体　熟期：8月中旬〜9月上旬　収量：中　果皮色：鮮紅　果粒形：短楕円　果粒重：16〜20g　肉質：中間　糖度：20〜22度　樹勢：強　耐病性：強

● **品種特性**

本種は同じ交配株中の3号である。初結果房から巨大粒で20g（33×32㎜）に達し、鮮紅色、糖度も高く20〜21度になり、肉質も食味もよく、期待された。熟期もピオーネとほぼ同期で比較的早い。観察を続けると、実止まりのいい年もあるが、花流れしやすい年もあり、安定性が心配された。

各地で巨峰やピオーネのジベレリン処理による種なし化が普及し始めたので、同系統の一つである本種に同様のジベレリン処理を試みた結果、巨大粒の種なしになり、しかも実止まりも安定することがわかった。1994年、植原葡萄研究所発行の「葡萄品種解説」の表紙に本種を紹介した。交配年の11年後である。ピオーネに負けない品質で、果肉が締まり、食味のよい鮮紅色巨大粒（20gを超える粒もある）種なし品種ということから人気になり、各地で栽培されるようになった。

国作出の安芸クイーンと比較栽培してみると、有核栽培の安芸クイーンは着色もよく、味もオリンピア似ですばらしいが、ジベレリン処理の種なし栽培は着色が優れない。この点、ジベレリン処理したゴルビーの着色がやや勝り、だんだん色のまわりがよくなって収穫できるようである。

赤系の巨大粒種は人気があるが、着色は困難なことが多く、常に気候や地域性に左右される。適地を選ぶこと、栽培法の工夫、系統選抜など、検討課題が多い。

棚下の果房（8月下旬）

果粒縦断面と粒形

収穫果（9月上旬）

デラウェア
Delaware　　【生食用】

系統：欧米雑種　原産・作出：米国ニュージャージー州（1850年頃）　交配親：偶発実生　倍数性：2倍体　熟期：7月中旬〜下旬　収量：中位　果皮色：紫赤　果粒形：円　果粒重：1.5〜2g　肉質：塊状　糖度：17〜23度　樹勢：中位　耐病性：強

● 品種特性

最早熟で、ブドウシーズン開幕を告げる品種。種なしブドウの代名詞的存在で、2014年のブドウ栽培面積は2位である。加温の施設栽培ものは4月に出荷される。熟期は自然状態の露地で7月中旬〜下旬。円形小粒で皮と実の離れがよい。多汁で糖度が高く、上品な芳香がある。

房は円筒形の密着形小房。花振るいは少ない。着色良好でいっせいに成熟する。果皮は厚く強靭で裂果は少ないが、密着しすぎると過密になり、多雨のときに裂果することもある。脱粒性が少なく、輸送性や日持ちは良好である。

デラウェアは枝が細く、葉が小さいので樹勢が弱いと思われがちだが、樹冠は徐々に拡大して樹は他のラブラスカ種より大きくなり、見た目より樹勢は強い。耐病性は比較的強いが、糖度が高いので晩腐病には注意が必要で、多雨になると発生が多い。簡易被覆、早期の防水のためのカサかけが有効。べと病、さび病、褐斑病にたいする防除も必要である。

栽培上の留意点だが、1新梢に3〜4房をつけるので、房は小さいが2房以内に収量制限しないと結果過多を招くことになる。土壌条件にもよるが、10a当たり1.5〜2t以内を収量の目安とする。

ジベレリン処理は満開前後の2回行うが、各主要産地には長い処理経験があり、試験場や普及センターなどの基準的データも蓄積されているので、ほぼ完璧に近い種なし栽培が実現している。

棚下の果房（8月下旬）

果粒縦断面と粒形　　果粒肥大期（7月下旬）

マスカットベーリーA　生食・醸造兼用
Muscat Bailey A

系統：欧米雑種　作出：新潟県の川上善兵衛（1940年に発表）　交配親：ベーリー×マスカットハンブルグ　倍数性：2倍体　熟期：9月中旬〜下旬　収量：多　果皮色：紫黒　果粒形：円　果粒重：6〜8g　肉質：塊状でやや硬い　糖度：16〜21度　樹勢：中　耐病性：強

●品種特性

作出者の川上善兵衛は、巨峰の大井上康と並ぶブドウ界の大先達で、本種は生食・醸造兼用種。岡山、山梨、兵庫、広島、福岡県などが主産地である。ジベレリン処理した種なしは、ニューベーリーAと呼ばれている。

また、国産赤ワイン用としては第1位の醸造量である。色素が多く、日本を代表する濃厚で高品質な赤ワインになり、国際的ワイン用品種として正式に認められ、欧州や東南アジア諸国など、海外に輸出する時代になってきた。

生食用の場合、花穂は長大だから、開花前に切り詰め、400g程度の円錐形房にする。果皮と果肉の分離は容易で、果皮は厚く裂果はない。着色はよく、完熟すると食味もよいが、晩熟種であり、東北や北海道などの寒冷地では酸の抜けが悪く、栽培は難しい。豊産で収量は多いが、晩熟品種であるから、生育期に十分な積算温度が必要で、暖地向きの品種である。

「米国系のブドウの木に欧州系のブドウがなった」と作出者が喜んだといわれており、耐病性が強く、栽培は容易であるが、多雨年には黒とう病が発生することもあるので、休眠期防除を徹底する必要がある。

2014年のブドウ栽培面積は、ワイン用向けの需要が多くなり、順位は7位と、増殖傾向になり健闘している。

棚下の果房（8月下旬）

果粒縦断面と粒形

紅伊豆　　　　　　　　生食用
Beniizu

系統：欧米雑種　作出：静岡県の井川秀雄（1966年交配）　交配親：ゴールデンマスカット4X×クロシオ　倍数性：4倍体　熟期：8月上旬～下旬　収量：中位　果皮色：鮮紅　果粒形：短楕円　果粒重：13～18g　肉質：やや軟　糖度：18～20度　樹勢：強　耐病性：強

●品種特性

紅富士の枝変わり種といわれ、山梨県甲府市の三沢波平が井川秀雄から譲り受けて話題になった人気品種。巨大粒鮮紅色品種のうち、8月上旬から収穫できる貴重な最早熟品種である。

実止まりがすこぶるよく、密着するから摘粒を要すが、栽培は容易である。外観よく、美しい鮮紅色になり、完熟しても暗紫色にはならない。食味は多汁で糖度高く、芳香も味も米国系の濃厚さがあり大衆的な品種である。肉質は軟らかく、脱粒しやす

く、日持ちは短く、輸送性が弱いので、市場出荷の場合は取り扱い、出荷方法に細心の注意が必要である。

観光直売には最適種で、もぎ取り客に喜ばれている。豊産性だが、品質を向上させるには房を小さく作り、粒数を制限して一房を30粒以内にするとよい。果粒肥大期に乾燥して旱魃を受けると肉質がより軟らかくなり、粒に弾力性がなくなりやすい。肉質をよりよくするためには、果粒肥大期の土壌水分をできる限り一定に保たせるのがよく、着色が始まる直前まで、定期的に灌水を行うと効果がある。

2014年のブドウ栽培面積の順位は25位。市場出荷とは別に、地方都市近郊の観光園には毎年本種を心待ちにしている固定客がいる、なかなかの人気品種である。

棚下の果房（8月下旬）

果粒縦断面と粒形　　葉（8月下旬）

キングデラ
King Dela

生食用

系統：欧米雑種　作出：大阪府の中村弘道（1976年交配、1985年品種登録）　交配親：レッドパール×マスカットオブアレキサンドリア　倍数性：3倍体　熟期：8月上旬　収量：中位　果皮色：紫赤　果粒形：卵　果粒重：3〜4g　肉質：塊状　糖度：20〜22度　樹勢：強　耐病性：強

● **品種特性**

本種は3倍体品種であり、自然状態ではほとんど無核の極小粒だが、ジベレリン処理により果房は円筒形、300〜400gのりっぱな房になる。デラウェアを1.5〜2倍にボリュームアップした種なし早熟種で、ジベレリン処理したデラウェアの1週間〜10日後に成熟する。

ジベレリン処理は満開時〜満開3日後（1回目）と満開10〜15日後（2回目）に各々50ppmで行う。着粒安定のため1回目に2〜5ppm、果粒肥大促進のため2回目に5〜10ppmのフルメットを混用してもよい。果粒は卵形〜やや長めの楕円形粒になり、肥大して4g以上の粒になることもある。もともと種子がほとんどないのでデラウェアよりジベレリン処理が容易で無核率が高い。さび果の発生を抑えるため、処理日の天候に注意して液剤が滴にならないように処理後の房を揺するといい。

果皮はデラウェアより厚く、棚持ちがいい。食味はデラウェアと似ているが、肉質は塊状でデラウェアより軟らかく多汁である。果皮と果肉の分離はよい。糖度高く、酸味は中、香りはほとんどない。デラウェアより豊産である。

本種は大量に出回るデラウェアの出荷期には目立たなくなってしまうため、露地栽培より加温ハウス栽培が盛んで、極早期に出荷され、東京、大阪などの大市場に人気があり、量的には少ないが高価格を維持している人気品種である。ブドウ栽培面積の順位は28位。

棚下の果房

果房をパック詰めに

袋かけの果房

高尾
Takao

生食用

系統：欧米雑種　作出：東京都農業試験場の芦川孝三郎（1956年播種実生、1975年品種登録）　交配親：巨峰の自家受粉実生　倍数性：染色体数が少ない低位4倍体　熟期：8月中旬～下旬　収量：中～多　果皮色：紫黒　果粒形：長楕円　果粒重：7～10g　肉質：中間　糖度：18～20度　樹勢：やや強　耐病性：やや強

● 品種特性

本種はジベレリン処理専用種（開花後期に50～100ppm）であり、処理しない果房は小粒な無核粒と有核粒が混じり合い、商品にはならない。その点、3倍体品種と似ている。ジベレリン処理すると、果粒はユニークなラグビーボールに似た形で、紫黒色のみごとな大房大粒種なしになる。味は基本的には親の巨峰によく似ているが、果粒の形状が異なり、食味も濃厚で糖度が高く、着色もよく、作出地の東京近郊での観光園の栽培が成功していて、地元の消費者に人気がある。

耐寒性も強く、福島、山形県など東北地方でも優良品が生産されている。栽培面積の順位は18位（2014年）である。樹の性質は巨峰に似ている。発芽は巨峰より早いが、開花は5～6日遅い。早熟であるから有利に販売でき、棚持ちも長く10月までならせて販売できる。

巨峰の実生だから脱粒性はあるが、ジベレリン処理で果梗を強くし、密着した果房にして輸送性をある程度は高めることができる。また濃厚な独特な食味に魅力があり、観光園、直売店などでは、なくてはならない希少価値のある品種である。

カサかけの果房

棚下の果房（7月中旬）

早生デラウェア　　生食用
Wase Delaware

　系統：欧米雑種　作出：山形県の山川清助（1955年頃に発見した芽条変異）　交配親：デラウェアの早熟枝変わり種　倍数性：2倍体　熟期：7月中旬〜8月上旬　収量：中位　果皮色：鮮紅〜紫紅　果粒形：円　果粒重：1〜2g　肉質：塊状　糖度：16〜23度　樹勢：中位　耐病性：強

●品種特性

　早熟のデラウェアがさらに早熟化して10日間も収穫日が前進した品種である。特性はデラウェアとほぼ同じだが、果房、果粒がわずかに小さい。本種は早熟なため、手のかかる簡易ハウス栽培、ホース栽培（結果母枝をホース状ビニールで被覆）と同時に出荷が可能で、有利に販売できる。当初は発見地の山形県時沢地区、天童地区などが中心だった。

　本種はやや早く開花するので、ジベレリン処理もデラウェアより2〜3日早くなる。だから本種のジベレリン処理の次にデラウェアの処理を行えばよく、労力配分上も栽培農家の助けになる。収穫作業も同様に長く行える。

　だんだん全国のデラウェア産地に広がり、長期に栽培している間に、ふつうのデラウェアに勝るとも劣らない果房、果粒の早生デラウェアが山梨県や愛知県下で見つかるようになった。今ではふつうのデラウェアに匹敵する大房、大粒の、選抜されたボリューム感のある早生デラウェアになってきている。生長点頂部組織培養によるウイルスフリー化もなされ、品質も向上した。本種は2014年のブドウ栽培面積ベスト15位にランクされている。

棚下の果房（9月上旬）

果粒縦断面と粒形

果粒肥大期（7月中旬）

翠峰
Suiho　　　生食用

系統：欧米雑種　作出：国の指定により福岡県農業試験場が作出（1975年交配、1996年品種登録）　交配親：ピオーネ×センティニアル　倍数性：4倍体　熟期：9月上旬～下旬　収量：中　果皮色：黄緑～白黄　果粒形：やや長楕円　果粒重：14～20g　肉質：中間　糖度：16～18度　樹勢：やや強　耐病性：やや弱

●品種特性

　黄緑～白黄色の巨大粒品種中では圧倒的に大きい長楕円形最大粒で、外観はボリュームがあり、ジベレリン処理（巨峰、ピオーネに準じる）で種なしになるから、ゴルビー、クイーンニーナの赤、ピオーネ、藤稔の黒に加え、本種で世界最大級の巨大粒種なし品種の3色が揃う。母親のセンティニアルは巨峰の母親でもあり、ボリュームある品種を作る交配親として貴重な品種である。果皮はやや薄く、果肉との分離はやや難であり、欧州系のような品質である。

　味は巨峰系の食味が加わり、酸味は中、肉質はやや軟らかく多汁。糖度はやや低いが、品質は優良である。香りはない。裂果は少ないが、耐病性もやや弱いので、施設栽培のほうが優品を生産できる。やや、花芽分化が悪く、房数が少ない欠点もある。2014年のブドウ栽培面積は30位にランクされている。

　本種は熟期がやや遅いのが、難点だった。早熟化を目指して、ゴルビー×翠峰を交配して翠星（白黄色）が2005年に生まれ、これは巨大粒で8月中旬～下旬の早熟品種だから、3色の巨大粒詰め合わせの出荷期間がより長くなった。

成熟期の果房

果粒縦断面と粒形　　店頭に出品

ナガノパープル
Nagano Purple　　**生食用**

　系統：欧米雑種　作出：長野県果樹試験場　交配親：巨峰×リザマート（2004年品種登録）　倍数性：3倍体　熟期：8月下旬～9月上旬　収量：中　果皮色：紫黒　果粒形：倒卵形　果粒重：13～15g　肉質：崩壊性　糖度：18～21度　樹勢：強　耐病性：強

●品種特性

　本種は皮ごと食べることができる紫黒色の種なし品種である。3倍体品種であり、自然状態では花振るい性が強く、果粒も小さいため、ジベレリン処理が不可欠である。処理は、満開時～満開3日後、および満開10～15日後にジベレリン25ppmで花房（果房）を浸漬処理することが基本である。

　果房は果粉が多く、果皮の剝離は困難であるが、父親のリザマートの影響で果皮が薄く、皮ごと食べることができるので人気が高い。果肉はやや硬く、歯切れがいい。香りはフォクシー香である。糖度は高く、酸は中である。作出地の長野県内に栽培は限定されていたが、2018年4月からは長野県以外でも栽培できるようになった。

　収穫期前の降雨により裂果が発生する場合があるので、雨水が流入しない施設栽培が望ましい。果粒肥大期には極端な乾燥を避けて、定期的な灌水を行い、土壌水分の変動を緩和させると裂果を軽減させることができる。

　摘粒は一房30～35粒程度にして、10a当たり1.5t以内に抑えると、着色がすみやかに揃い、裂果の危険性を避けることができる。2014年、ブドウ栽培面積の順位は13位になり、シャインマスカットと同様、皮ごと食べられる品種のブームを生じさせた人気品種である。

棚下の果房

花穂　　　　　　　幼果

オーロラブラック
Aurora Black　　**生食用**

系統：欧米雑種　原産・作出：岡山県農林水産総合センター農業研究所（2003年）　交配親：オーロラレッドの自然交配実生　倍数体：4倍体　熟期：8月下旬～9月上旬　収量：中位　果皮色：紫黒　果粒形：円　果粒重：14～17g　肉質：中間　糖度：17～18度　樹勢：中位　耐病性：強

●品種特性

花穂の着生が容易で、1新梢に2～3花穂着生する。花振るい性が強いものの、ホルモン処理で着粒数を確保でき、無核・大粒化が可能である。

しかし、有核果の混入を生じる場合があるため、満開14日前～開花始めにストレプトマイシンを処理して無核果粒率を向上することが望ましい。

育成地の岡山県南部では8月下旬～9月上旬に成熟する。果粒は円形で大きく、糖度は高く、食味がよい。果皮は紫黒色で着色が容易である。しかし、大房や着果過多の場合は着色不良を招きやすく、さらには樹勢も低下しやすいため、500～600gの果房重を目標とする。

皮離れはピオーネに比べてやや難であるものの、果肉がよく締まっていて非常に脱粒しにくく、収穫後の日持ちがよい。

（岡山県農林水産総合センター農業研究所　安井淑彦）

棚下の果房

花穂

ルビーロマン
Ruby Roman　　　生食用

系統：欧米雑種　原産・作出：石川県（2007年品種登録）　交配親：藤稔の自然交雑実生　倍数性：4倍体　熟期：7月上旬～10月上旬　収量：少　果皮色：赤　果粒形：短楕円　果粒重：23～25g　肉質：塊状　糖度：18度前後　樹勢：巨峰に比べやや弱　耐病性：やや弱

● **品種特性**

石川県農林総合研究センター農業試験場砂丘地農業研究センターが、藤稔の自然交雑実生から選抜・育成した赤系大粒ブドウで、2007年3月に品種登録された県限定の囲い込み品種である。

樹勢は巨峰に比べやや弱く、副梢の発生も少ない。発芽期および開花期は巨峰と比べて10日程度遅い。熟期は育成地（石川県かほく市）の無加温ハウス栽培では8月中旬頃から、雨よけハウス栽培では9月上旬～中旬頃となる。

果粒の形状は短楕円。果粒重は無核栽培で23～25g程度ときわめて大きい。果皮色は赤色で果粉は少ない。果肉は塊状で軟らかく、皮離れもよくフォクシー香があり多汁である。糖度は18度前後で酸含量が0.4％程度と少ない。裂果性は巨峰より多く藤稔よりやや少ない。裂果は主に着色始期に果頂部に発生するが、成熟期後半に果梗部周辺に三日月状に発生する場合もある。病害虫では、灰色かび病、べと病、晩腐病、ハマキムシ類、スリップス類の発生が多い。

栽培上の留意点として、高い商品性を維持するため、成園時の最大収量を10a当たり800kgとし、天候不順により糖度不足、着色不足等が予想される場合には、さらに着果量を制限するなど、徹底した果房管理が求められる。

（石川県農林総合研究センター農業試験場　砂丘地農業研究センター　高山典雄）

マスカサーティーン 生食用
Musca Thirteen

系統：欧州種に近い欧米雑種　作出：山梨県の植原宣紘（2011年初結果）　交配親：ロザリオロッソ×シャインマスカット　倍数性：2倍体　熟期：8月下旬～9月中旬　収量：多　果皮色：黄緑～白黄　果粒形：偏円～円　果粒重：12～15g　肉質：崩壊性　糖度：18～20度　樹勢：強　耐病性：強

●品種特性

シャインマスカットの子供で、ロザリオビアンコのうまみが加わったような黄緑色品種である。シャインマスカットに準じたジベレリン処理で種なしになり、栽培法もほとんど同じでいい。肉質はややシャインマスカットより軟らかく多汁で味がよく、爽やかなマスカット香があり、果皮は薄く、シャインマスカットより皮ごと食べやすい。裂果性はない。熟すと透明感があり、シャインマスカットの陶器のような不透明感とは異なる。全国的なブドウ栽培専門家80人の会（2015～16年）で「これから栽培したい品種」の1位になった有望品種。

マスカットノワール 生食用
Muscat Noir

系統：欧州種に近い欧米雑種　作出：山梨県の植原宣紘（2009年交配、2014年初結果）　交配親：シャインマスカット×ジーコ　倍数性：2倍体　熟期：8月下旬～9月上旬　収量：中～多　果皮色：紫黒　果粒形：楕円　果粒重：9～14g　肉質：崩壊性　糖度：18～21度　樹勢：強　耐病性：やや強

●品種特性

期待していたマスカット香のある黒色の「シャインマスカットの息子」が誕生。ジベレリン処理で種なしになり、皮ごと食べられる。着色良好で粒の根元まで紫黒色になる。外観は父親のジーコに似ている。裂果性はない。果梗がしっかりで日持ちがよい。脱粒なく、食味は糖度高く、こくがあり渋みがない。香りは上品で強烈ではない。肉質は滑らかでロザリオ的なうまさがある。若木は小粒小房だが、年々果粒が肥大してくる。欧州種のような大器晩成型である。オリエンタルスター、マスカットビオレに続く黒色のマスカット種である。

ヌーベルローズ
Nouvelle Rose 〔生食用〕

系統：欧州種に近い欧米雑種　作出：山梨県の植原宣紘（2010年初結果）　交配親：ロザリオロッソ×シャインマスカット　倍数性：2倍体　熟期：8月下旬～9月上旬　収量：中位　果皮色：鮮紅　果粒形：楕円　果粒重：7～9g　肉質：崩壊性　糖度：20～22度　樹勢：強　耐病性：やや強

●品種特性

甲斐路にやや似たマスカット香のある鮮紅色品種。明るい紫を含まない鮮紅色で外観は美しい。ジベレリン処理で種なしになり、皮ごと食べられ、シャインマスカットより皮が薄く、食べやすい。糖度は非常に高く、上品なマスカット香で、渋みなく、肉質が滑らかで、食べた後にうまみが口に残る。裂果は少ない。樹は旺盛で、発芽も揃い、枝の登熟もよく、耐病性もあり、栽培容易。やや、粒が小さいのが残念だが、シャインマスカットから引き継いだマスカット香と上品な食味が本種の魅力である。

サマークイーン
Summer Queen 〔生食用〕

系統：欧米雑種　作出：山梨県の植原宣紘（2006年交配）　交配親：ゴルビー×紅伊豆　倍数性：4倍体　熟期：8月中旬～下旬　収量：中　果皮色：鮮紅～紫紅　果粒形：短楕円　果粒重：11～14g　肉質：塊状～中間　糖度：18～19度　樹勢：中～強　耐病性：強

●品種特性

最早熟の巨大粒鮮紅色品種で、ジベレリン処理を巨峰系に準じて行えば種なしになる。肉質は紅伊豆よりは硬く、ゴルビーよりは軟らかく、多汁。糖度高く、濃厚な食味。果皮は厚く剥きやすい。裂果は少ない。品質は、果肉の軟らかい紅伊豆に勝る。クイーンニーナやゴルビーは熟期が遅く9月になり、着色にも不安があるが、本種は着色が良好で8月中旬に熟し、早熟性が勝るので、観光園での人気が高く、秩父地域の栽培仲間がこの名前をつけてくれた。栽培容易な品種だから趣味栽培にも適す品種である。

翠星	生食用
Suisei	

　系統：欧米雑種　作出：山梨県の植原剛（2000年交配）　交配親：ゴルビー×翠峰　倍数性：4倍体　熟期：8月中旬～下旬　収量：中　果皮色：黄緑～白黄　果粒形：長楕円～俵形　果粒重：14～20g　肉質：崩壊性　糖度：18～20度　樹勢：弱　耐病性：やや強

●品種特性

　親の翠峰に似た巨大粒種なし品種であるが、翠峰が9月中旬～下旬と晩熟なのにたいして早熟で8月中旬に熟す。ジベレリン処理は巨峰系品種に準じて行えばよい。果皮はやや薄く、欧州種に似て、わずかにマスカット香がある。肉質は翠峰より軟らかく多汁であり、糖度も高く食味がよい。9月に入り過熟になると果皮にかすり状の汚れが生じてくるので、外観の美しい8月中に収穫するとよい。樹勢はやや弱いが耐病性に問題はなく、栽培は容易である。巨峰系の赤や黒の巨大粒種なし品種と8月中に詰め合わせると、3色で彩りがよい。

銀嶺	生食用
Ginrei	

　系統：欧米雑種　作出：山梨県の植原宣紘（2006年交配）　交配親：翠峰×しろがね　倍数性：4倍体　熟期：8月中旬～下旬　収量：多　果皮色：黄緑　果粒形：楕円　果粒重：14～18g　肉質：中間　糖度：18～19度　樹勢：強　耐病性：強

●品種特性

　山口県にあった「しろがね」という早熟品種がじつは赤品種だったため、翠峰と交配して本種を作出し、完全な白品種であることを確認し、親にちなんで銀嶺と命名した。山口は温暖で気温差がなく、着色しなかったのである。本種の果皮は厚く、裂果はない。巨峰系品種とジベレリン処理は同じで種なしになる。親の「しろがね」より肉質は硬く、脱粒性も少なく棚持ちもよい。糖度も高く、食味も優れている。栽培は容易であり、適地の幅は広く、耐病性も強く、気楽に作れる。趣味栽培にも最適であろう。密着するので摘粒には労力を要す。

雄宝
Yuhou 〔生食用〕

　系統：欧州種に近い欧米雑種　作出：山梨県の志村富男　交配親：シャインマスカット×天山（2011年初結果）　倍数性：2倍体　熟期：9月上旬〜中旬　収量：多　果皮色：黄緑　果粒形：長楕円　果粒重：20〜25g　肉質：崩壊性　糖度：18〜19度　樹勢：強　耐病性：やや強

● 品種特性

　シャインマスカットと天山（ロザリオビアンコ×ベイジャーガン）の交配で巨大粒品種が生まれた。完熟すると黄金色になる。ジベレリン処理で種なしになり、フルメットを併用すると25g以上の粒になりボリューム感が増す。肉質は硬く、皮ごと食べられる。シャインマスカットより大粒で、裂果も少なく、王者の風格を持った透明感のある外観はみごとである。糖度は高いが食味はあっさりで、マスカット香はない。樹勢は旺盛で、発芽もよく、栽培は容易である。巨大粒の魅力で市場の評価は高く、高級品種として期待されている。

コトピー
Kotopy 〔生食用〕

　系統：欧州種に近い欧米雑種　作出：山梨県の志村富男　交配親：甲斐乙女×シャインマスカット（2011年初結果）　倍数性：2倍体　熟期：8月中旬〜下旬　収量：中　果皮色：鮮紅　果粒形：円　果粒重：12〜15g　肉質：崩壊性　糖度：18〜20度　樹勢：中〜強　耐病性：やや強

● 品種特性

　美しい鮮紅色の品種でシャインマスカットが父親である。母親の甲斐乙女はルーベルマスカット×甲斐路であり、品質が高く、食味がよいのは交配親から想像できる。ジベレリン処理はシャインマスカットに準じて行い、種なしになり、フルメット混用で果粒は肥大する。果皮は薄く、皮ごと食べられる。裂果なく、耐病性も強く、着色良好で大変作りやすい有望品種。マスカット香がないのが残念であるが、食味はよく、糖度も高い。樹勢は中程度で、発芽が揃い、花房の着生は良好である。成木化すると果粒はだんだん肥大してくる。

サンヴェルデ
Sun Verde

【生食用】

　系統：欧米雑種　作出：国の農研機構（1993年交配）　交配親：ダークリッジ×センティニアル（2011年品種登録）　倍数性：4倍体　熟期：8月下旬～9月上旬　収量：多　果皮色：黄緑　果粒形：短楕円～俵形　果粒重：13～16g　肉質：崩壊性　糖度：18～21度　樹勢：強　耐病性：やや強

● 品種特性

　国が作出した巨大粒黄緑品種である。ジベレリン処理は巨峰系品種と同じく、2回処理で種なしになる。裂果はない。食味は優れ、糖度は高い。酸は適度か、やや少ない。肉質は硬く、香りはないが、特有な芳香がわずかにある。渋みはない、果皮の厚さは中。日持ちは巨峰、ピオーネ程度である。多汁で、濃厚な食味が印象に残る。

　栽培、防除は巨峰に準じて行う。耐寒性は巨峰程度で、寒い地域は避ける。短梢剪定は花芽分化が悪いので、長梢剪定による栽培法が安全である。

クイーンニーナ
Queen Nina

【生食用】

　系統：欧米雑種　作出：国の農研機構（1992年交配、2011年品種登録）　交配親：安芸津20号×安芸クイーン　倍数性：4倍体　熟期：8月下旬～9月上旬　収量：中　果皮色：鮮紅　果粒形：楕円　果粒重：15～18g　肉質：硬い崩壊性　糖度：20～21度　樹勢：強　耐病性：やや強

● 品種特性

　鮮紅色巨大粒品種として最も注目されている。巨峰やピオーネの肉質にたいして、本種は欧州種のように噛み切りやすい崩壊性であることと、着色が良好で人気がある。母親の安芸津20号は紅瑞宝×白峰の交配である。

　満開時と10～15日後のジベレリン2回処理（25ppm）で種なしになる。開花前にストレプトマイシン200ppmを散布すればさらに安定栽培ができる。食味は優れ、糖度高く、渋みもなく、酸も低く、ややフォクシー香がある。果皮は巨峰よりは剥きにくい。裂果は少ないが粒の根元が三日月状に割れることもあり、過熟は避けたい。

ハニービーナス
Honney Venus 【生食用】

　系統：欧米雑種　作出：国の当時の果樹試（1980年交配）　交配親：紅瑞宝×オリンピア（2001年品種登録）　倍数性：4倍体　熟期：8月下旬～9月上旬　収量：多　果皮色：黄緑　果粒形：短楕円　果粒重：10～12g　肉質：中間　糖度：18～21度　樹勢：強　耐病性：強

● 品種特性

　巨峰と同期に熟し、巨峰よりやや小さい粒の黄緑色品種。肉質は巨峰に似るがやや硬い。糖度は巨峰より高く21度に達する。成熟初めにややマスカット香があるが完熟するとフォクシー香に近い特有な香りもあり、両者の香りを含む。果皮はやや剥きにくく、裂果はない。

　巨峰群品種だが、ジベレリン処理しても種が抜けないという珍しい品種である。樹勢は強いが巨峰よりやや弱い。適地の幅が広く、耐病性も強く、栽培容易であるから全国的に栽培されることが期待される品種である。

陽峰
Yoho 【生食用】

　系統：欧米雑種　作出：国指定の福岡県農業試験場（1975年交配）　交配親：巨峰×アーリーナイアベル（1997年品種登録）　倍数性：4倍体　熟期：8月中旬～下旬　収量：中　果皮色：赤　果粒形：円～短楕円　果粒重：8～10g　肉質：塊状　糖度：17～19度　樹勢：中～やや強　耐病性：強

● 品種特性

　赤い巨峰系品種で着色良好。外観よく花振るい性は中、着粒は粗～中。8月中旬から熟す早熟種である。糖度は巨峰程度で食味よく、肉質は塊状で、多汁。皮は簡単に剥ける。フォクシー香がある。裂果はほとんどなく、日持ちはふつう。九州から北海道まで、適地は広く、栽培容易で耐病性も強い。樹勢は中～やや強である。その後、国は安芸クイーン（1993年）、クイーンニーナ（2011年）など、より品質の高い大粒赤系を発表して、本種は2011年に登録取り消しになった。

第2部　欧米雑種・米国系のブドウ品種　　111

ブラックビート
Black Beet
生食用

　系統：欧米雑種　作出：熊本県の河野隆夫（1990年交配）　交配親：藤稔×ピオーネ（2004年品種登録）　倍数性：4倍体　熟期：8月上旬～中旬　収量：中　果皮色：紫黒　果粒形：短楕円　果粒重：14～20g　肉質：中間　糖度：16～19度　樹勢：強　耐病性：強

● 品種特性

　西南暖地など、九州でも着色良好な最早熟巨大粒種である。巨峰系品種と同様のジベレリン処理により種なしになり、フルメット処理すると20gを超える果粒になる。果粉は厚く、外観はみごとでボリューム感がある。果皮は剝きやすく、肉質は適度に締まり、多汁でおいしい。酸は少なく、渋みもなく、すばらしい品種である。品質は両親の中間で、当初は大人気だった。しかし、7月下旬には巨峰なら収穫できる着色になる着色先行型で酸味が強く、糖度も低い。高値を求めての早過ぎる出荷がせっかくの優良種の足を引っ張っている。

オリエンタルスター
Oriental Star
生食用

　系統：欧州種に近い欧米雑種　作出：国の果樹試（1989年交配）　交配親：(スチューベン×マスカットオブアレキサンドリア)×ルビーオクヤマ（2004年品種登録）　倍数性：2倍体　熟期：8月下旬～9月上旬　収量：多　果皮色：紫赤　果粒形：長楕円　果粒重：10～12g　肉質：崩壊性　糖度：18～20度　樹勢：強　耐病性：やや強

● 品種特性

　母親はシャインマスカットと同じで、スチューベンから米国系の遺伝子をもらっている欧米雑種である。ジベレリン処理で種なしになり、フルメットで果粒は肥大する。肉質は硬く、欧州系に似て、品質は高い。糖度は高く、酸は少ない。皮は剝きにくいが、果皮は強く裂果はない。香りはない。脱粒性もなく、日持ちがよい。樹は強健で耐病性も強く、栽培は容易であるが、果房は密着性であり、摘粒に労力を要す。黒品種は巨峰やピオーネが多汁で消費者に好まれており、本種は優秀だが、シャインマスカットの人気には及ばない。

甲斐美嶺
Kaimirei

【生食用】

系統：欧米雑種　作出：山梨県果樹試験場（1983年交配）　交配親：レッドクイーン×甲州三尺（2000年品種登録）　倍数性：3倍体　熟期：8月中旬～下旬　収量：中～多　果皮色：黄緑～白黄　果粒形：短楕円　果粒重：5～7g　肉質：塊状～中間　糖度：18～19度　樹勢：強　耐病性：強

●品種特性

山梨の美しい山並みと県立美術館所蔵の画家ミレーにちなんで命名された種なし黄緑色品種である。本来は小粒だが、2回のジベレリン処理により果粒は肥大する。外観は優美でさびやしみの汚れがなく、肉質もよく、皮離れもいい。糖度高く、フォクシー香がある。酸味適度で食味は爽やかである。耐病性もあり、栽培容易で、棚持ちもいい。発表当時は注目されたが、巨峰系巨大粒種なし品種に比較して、ボリューム感でインパクトに欠け、栽培者が増加せず、2011年に登録取り消しになった。

サマーブラック
Summer Black

【生食用】

系統：欧米雑種　作出：山梨県果樹試験場（1968年交配）　交配親：巨峰×トムソンシードレス（2000年品種登録）　倍数性：3倍体　熟期：8月上旬～中旬　収量：多　果皮色：紫黒　果粒形：短楕円　果粒重：7～10g　肉質：中間　糖度：20～21度　樹勢：強　耐病性：強

●品種特性

樹勢が強く、花振るいが多く、小粒だが、ジベレリン2回処理（50ppm）で紫黒色大粒の種なしになる。巨峰とマスカットベーリーAの中間ぐらいの大きさである。早熟でデラウェアと巨峰の熟期の間に収穫できるので期待された。糖度は巨峰以上に高く、食味もよく、着色は抜群で良好。皮離れは悪いが、肉質は硬くしっかりしている。摘粒は容易で省力的。栽培容易で耐病性も強く、普及が期待されたが、巨峰系の巨大粒品種の早期被覆栽培ものが多量に出回り、やはりボリュームがない本種は伸び悩み、2013年に登録取り消しになった。

高妻
Takatsuma 【生食用】

　系統：欧米雑種　作出：長野県の山越幸男（1981年交配、1992年品種登録）　交配親：ピオーネ×センティニアル　倍数性：4倍体　熟期：8月下旬～9月上旬　収量：中　果皮色：紫黒　果粒形：短楕円　果粒重：17～20g　肉質：中間　糖度：18～21度　樹勢：強　耐病性：強

● 品種特性

　花振るいなく、暖地でも真っ黒に着色する巨峰群品種が出現した。紅やまびこを育成した山越幸男の作である。ピオーネに巨峰の父親であるセンティニアルを戻し交配して、より品質が高く、果肉も締まり、糖度も高い大粒品種が誕生した。ジベレリン処理（巨峰、ピオーネに準じる）で種なしになる。宮崎、高知、和歌山県など、着色に悩む西南暖地でも着色が良好で、栽培法は巨峰、ピオーネとほぼ同じでよく、耐病性も強く、同じ防除法でいい。栽培は容易だが、実止まりがいいので、ならせ過ぎは避けるべきである。

紫玉
Shigyoku 【生食用】

　系統：欧米雑種　作出：山梨県の植原宣紘（1982年早熟枝変わり、1987年品種登録）　交配親：高墨の芽条変異　倍数性：4倍体　熟期：7月下旬～8月初旬　収量：やや少～中　果皮色：紫黒　果粒形：短楕円　果粒重：12～16g　肉質：中間　糖度：18～22度　樹勢：やや強　耐病性：強

● 品種特性

　高墨は巨峰の早熟枝変わりであるが、本種はさらに高墨が枝変わりして、もとの巨峰より2週間も熟期が前進した超早熟種である。7月初旬に着色が始まり、8月初旬には収穫できる。ジベレリン処理で親の巨峰と同様に種なしになり、さらに熟期も早まる。品質は巨峰と変わらない。ブドウは早期出荷されたものが品薄だから高値になる。早熟品種は経営的に有利なのである。日本全国、盆前にはブドウを仏前に供える習慣があり、この時期のブドウは毎年高値がつく。最も早熟な本種は、露地栽培でもお盆に間に合うため、人気が高い。

高墨
Takasumi

生食用

系統：欧米雑種　作出：長野県の反町静男（1969年選抜）　交配親：巨峰の早熟枝変わり　倍数性：4倍体　熟期：8月上旬〜中旬　収量：中位　果皮色：紫黒　果粒形：短楕円　果粒重：12〜17g　肉質：中間　糖度：16〜20度　樹勢：強　耐病性：強

● 品種特性

　本種は初めての巨峰の早熟枝変わり品種である。発表当時は大変な人気品種になり、須坂市の反町静男氏の観光園に全国から数千人のブドウ生産者が見学に訪れたという。10日以上早いという長所は、市場価値が高く、生産者の経営にとって大変有利な特性である。特性、外観ともに巨峰とまったく同じで、見分けがつかなかったため、すでに名の知れわたった巨峰として出荷されることが多い。巨峰よりやや粒が小さいが、色も味も遜色なく、巨峰として通用するので、一般消費者は巨峰として購入している場合が多いのである。2014年の統計では、ブドウ栽培面積の24位にランクされているが、実際はもっと上位かもしれない。

多摩ゆたか
Tamayutaka

生食用

系統：欧米雑種　作出：東京都の芦川孝三郎　交配親：白峰の自然交雑実生（1996年品種登録）　倍数性：4倍体　熟期：8月下旬　収量：中　果皮色：黄緑〜白黄　果粒形：短楕円　果粒重：12〜15g　肉質：中間　糖度：17〜19度　樹勢：中　耐病性：強

● 品種特性

　高尾、白峰を作出した芦川孝三郎の白峰の実生選抜種。白峰よりジベレリン処理が容易で確実に種なしになる。外観優美な巨大粒白黄色品種である。肉質は果皮の直下はやや硬く、中心部はやや軟らかく、半崩壊性で、果皮と果肉の分離はやや難である。香りは少なくあっさりと上品な風味がある。糖度も高い。白峰より、房が揃い、耐病性も強く、栽培容易で棚持ちもよい。栽培、防除は巨峰に準じて行えばよい。裂果もなく露地栽培が可能で、観光園にも好適である。

第2部　欧米雑種・米国系のブドウ品種　115

安芸シードレス
Aki Seedless 〈生食用〉

　系統：欧米雑種　作出：国の果樹試　交配親：マスカットベーリーA×ヒムロッドシードレス（1988年品種登録）　倍数性：2倍体　熟期：8月中旬〜下旬　収量：多　果皮色：紫黒　果粒形：短楕円　果粒重：4〜5g　肉質：塊状　糖度：18〜19度　樹勢：強　耐病性：強

● 品種特性

　果房は大きく、結果過多にならないように開花前に花穂の整形を要す豊産品種。もともと果粒は小さい無核品種だが、開花終了後、1週間以内に1回（15〜25ppm）のジベレリン処理で果粒は肥大する。マスカットベーリーAに似た紫黒色で、着色は容易。果皮は剝きやすく、食味よく、酸味、渋み少なく、糖度高く、食べやすい。巨峰より10日ほど早熟である。裂果は少ないが、多雨時に発生するときもある。耐寒性はスチューベン程度。耐病性は強く、栽培は容易である。

紅富士
Benifuji 〈生食用〉

　系統：欧米雑種　作出：静岡県の井川秀雄（1966年交配）　交配親：ゴールデンマスカットの4倍体×クロシオ　倍数性：4倍体　熟期：8月下旬　収量：多　果皮色：鮮紅　果粒形：楕円　果粒重：10〜14g　肉質：中間　糖度：18〜20度　樹勢：強　耐病性：強

● 品種特性

　巨峰より実止まりよく、摘粒も容易で栽培ははなはだ容易。美しい鮮紅色で、色調は最上である。肉質はやや軟で多汁、果皮は厚く、剝きやすい。裂果性はない。品質はよく、糖度も高く、酸は適度である。フォクシー香が強く大衆的人気がある。ただし、米国系的で、脱粒しやすく、輸送性に問題がある。観光園、直売では喜ばれるが、市場出荷すると棚持ちしない。

　成熟前の果粒肥大期に定期的灌水を励行すると、肉質もやや硬くなり、その欠点がやや改良される。樹は強健で耐病性も強く、観光、趣味栽培には最適である。

紅南陽
Beninanyo 【生食用】

　系統：欧米雑種　作出：山形県の嵐田昭雄（1977年発見）　交配親：デラウェアの変芽（1986年品種登録）　倍数性：2倍体　熟期：デラウェアより7日早熟　収量：中　果皮色：鮮紅　果粒形：円〜短卵　果粒重：2〜3g　肉質：塊状　糖度：18〜20度　樹勢：中　耐病性：強

●品種特性

　房、粒ともに大きくなり、デラウェアより7〜10日早熟化したデラウェアの枝変わり品種である。ジベレリン処理適期の幅が長く、失敗はほとんどない。もともと花流れ性があるので、必ずジベレリン処理しなければならないが、開花前、1回の処理でいい省力品種。その他の特性はデラウェアとほぼ同じで、糖度がやや高く、裂果は少なく、脱粒性は中、貯蔵性は高い。樹勢も同じだが、枝梢はやや細い。施設栽培すると早熟だから、さらに有利になる。耐病性、耐寒性が強く、適地の幅が広い。

紅瑞宝
Benizuihou 【生食用】

　系統：欧米雑種　作出：静岡県の井川秀雄（1966年交配）　交配親：ゴールデンマスカットの4倍体×クロシオ（1975年品種登録）　倍数性：4倍体　熟期：9月上旬　収量：多　果皮色：鮮紅〜濃紫紅　果粒形：長楕円　果粒重：10〜14g　肉質：中間　糖度：18〜20度　樹勢：やや強　耐病性：強

●品種特性

　本種を井川秀雄から譲り受けた新潟県の小野岩松が、その優秀性を認め、作出者の了解を得て品種登録した紅富士（井川667号）の兄弟品種（井川665号）である。特徴は紅富士とほとんど同じであるが、やや粒が長く、紫みの強い紅色で、肉質が硬く、糖度が高い。

　フォクシー香が強く、多汁で、果皮が剝きやすく、人気がある。豊産性で、脱粒性がやや少なく、日持ちがいいのは、晩熟で涼しい時期に成熟するためだろう。耐病性が強く栽培が容易なのは、紅富士、紅伊豆と同様である。この頃、井川系品種は一世を風靡した時代だった。

第2部　欧米雑種・米国系のブドウ品種　117

ゴールドフィンガー　生食用
Gold Finger

系統：欧米雑種　作出：山梨県の原田富一（1982年交配）　交配親：ピアレス×ピッテロビアンコ（1993年品種登録）　倍数性：2倍体　熟期：8月中旬～下旬　収量：中位　果皮色：黄白　果粒形：弓形～先尖り長楕円形　果粒重：6～8g　肉質：中間　糖度：18～22度　樹勢：強　耐病性：強

● 品種特性

　母親のピアレスはセネカ×ピッテロビアンコだから、本種はピッテロビアンコの戻し交配である。親に似た優雅で珍奇な外観と、米国種からくるこくと高い糖度が、本種の魅力で、しかも早熟である。わずかにフォクシー香があるが上品で、果皮はやや薄いが、皮に渋みがあり、剝いて食べるほうがいい。果肉は適度に締まり多汁である。多雨による裂果が見られ、被覆栽培が安全。独特の甘さと外観の珍しさなどから、観光園、直売の人気は抜群で、栽培の難しい親のピッテロから、栽培容易で耐病性のある大衆品種を作りあげた傑作である。

ヒムロッドシードレス　生食用
Himrod Seedless

系統：欧米雑種　作出：ニューヨーク農試（1952年）　交配親：オンタリオ×トムソンシードレス　倍数性：2倍体　熟期：7月下旬～8月中旬　収量：多　果皮色：黄緑　果粒形：楕円　果粒重：5～8g　肉質：中間　糖度：16～20度　樹勢：強　耐病性：強

● 品種特性

　極早生の黄緑色種なし品種である。もともとの種なし品種だからそのまま栽培してもよいが、ジベレリン処理を落花15日後に1回、25ppmで行うと果粒が2倍大に肥大し、さらに早熟となる。果梗がもろい欠点もジベレリン処理で強くなる。ただし、果粒が肥大するから大房にし過ぎると結果過多を招くので、房重を制限するように整房を徹底して、円筒形の揃った房型にするのがいい。糖度高く、特有のラブラスカ香があり、熟期も早く、耐寒性もあり、栽培容易なため、関東地域から東北地域などの地方的人気品種になっている。

伊豆錦　Izunishiki　<生食用>

　系統：欧米雑種　作出：静岡県の井川秀雄（1970年交配、1980年品種登録）　交配親：（巨峰×カノンホールマスカット）×カノンホールマスカット　倍数性：4倍体　熟期：8月下旬～9月中旬　収量：中位　果皮色：紫黒　果粒形：短楕円　果粒重：14～20g　肉質：崩壊　糖度：16～20度　樹勢：強　耐病性：強

● 品種特性

　本種は伊豆の井川秀雄が井川900号と呼んでいた品種で、果粒が大きく、ピオーネ以上になる超ジャンボブドウとして有名になった。花振るい性はピオーネよりよい。果粒は17～20gの大きさになるが、フルメットを混用してジベレリン処理した種なし果房は400～600gになり、果粒重は平均32g、最大粒で48gになったこともある。紫黒色で着色は良好。肉質は崩壊性で巨峰より締まりがよく、糖度も高い。脱粒、裂果が少なく、日持ちもよい。巨峰、ピオーネが普及している中、品質は優秀だが後発の本種は残念ながら知名度がいまだに低い。

ジャスミン　Jasmine　<生食用>

　系統：欧米雑種　作出：山梨県の植原宣紘（1976年交配）　交配親：ピオーネ×紅富士　倍数性：2倍体　熟期：9月上旬　収量：多　果皮色：鮮紅～紫紅　果粒形：倒卵形　果粒重：13～17g　肉質：中間　糖度：18～21度　樹勢：強　耐病性：強

● 品種特性

　親はおなじみのピオーネと紅富士だが、ジャスミン茶に似た、ブドウでは珍しい香りがあって、作出者の本人が驚いた品種である。花流れ、単為結果はなく、濃い鮮紅色で紫みを含み、非常に糖度が高い。果肉は紅富士より締まり、レッドクイーンよりは軟らかい。多汁で果皮は厚いが剝きやすく、食味は日本人好みでうまく、特に香りのユニークさがセールスポイントである。裂果はなく、豊産だが、着色をよくするには収量制限が必要。樹は強健で耐病性強く、栽培容易である。この実生から黄玉が生まれ、食味よく、本種の人気を抜いている。

オリンピア 生食用	献上デラ 生食用
Olympia	Kenjyo Dela

系統：欧米雑種　作出：静岡県の井川秀雄（1953年交配）　交配親：巨峰×巨鯨　倍数性：4倍体　熟期：8月中旬～9月上旬　収量：やや少　果皮色：鮮紅　果粒形：短楕円　果粒重：13～16g　肉質：中間　糖度：17～21度　樹勢：中位　耐病性：やや強

● 品種特性

本種は赤色巨峰群品種中、随一の食味と品質を持つ有名な品種である。ただし、その欠点は裂果しやすいこと。多くの栽培者がその味のよさに惚れて挑戦するが、結局、裂果を克服できずにあきらめてしまう場合が多い。短円錐形大房だが、巨峰より花流れしやすく、房を揃えるのが難しい。鮮紅色で美しいが、着色は難しく、気候や土壌条件に左右されやすい。品質は極上で、糖度は高く、ハチ蜜に似た独特なうまさがあり、香りも上品で酸味も適度である。少肥栽培して樹勢を抑え、房数を制限して樹の負担を軽くさせ、いっせいに、すみやかに成熟させると裂果が少なくなる。

系統：欧米雑種　作出：大阪府の麻野佐市郎（1966年発表）　交配親：デラウェアの変異種　倍数性：2倍体　熟期：7月中旬～8月上旬（デラウェアの2～3日前）　収量：多　果皮色：鮮紅　果粒形：円　果粒重：1～2g　肉質：塊状　糖度：18～23度　樹勢：中～強　耐病性：強

● 品種特性

デラウェアの優秀な変異種で、発見者の麻野佐市郎が毎年皇室に献上していたので山梨の園友・植原正蔵が献上デラと命名した。さらに愛知県の鈴木昌夫がより優れた系統を選抜し、それを組織培養してウイルスフリー化した株が現在、普及している。デラウェアと特性は同じだが、大房が揃い、豊産。デラウェアの20％増しの収量になり、しかも早熟である。果皮が強く、裂果が少ない。着色良好で色濃く、献上デラの特性を十分に発揮した系統で、ウイルスフリー化した株の初結果は糖度が27度まで上昇した。

黄玉
Ougyoku 〔生食用〕

　系統：欧米雑種　作出：山梨県の植原宣紘（1984年）　交配親：ジャスミンの実生選抜　倍数性：4倍体　熟期：8月中旬～下旬　収量：多　果皮色：黄緑～白黄　果粒形：倒卵～楕円　果粒重：8～13g　肉質：中間　糖度：20～25度　樹勢：強　耐病性：強

●品種特性

　ジャスミンの実生中の白黄色品種で、甘さ抜群、最高は25度に達した。肉質も硬く、ジャスミン香もわずかにある。高糖度で酸が低いため、やや日持ちが悪い。ジベレリン処理で種なしになるが、果粒は巨峰群品種中では小さく、20gは超えない。しかし、糖度の高さは驚異的で、観光園では大人気。こくのある、ジューシーで甘いブドウが好きな人は多いのである。観光園のドル箱品種だと聞いている。栽培は容易で、耐病性もあり、輸送性は弱いが、直売店では自慢して売れる、随一の甘さの人気品種である。

竜宝
Ryuhou 〔生食用〕

　系統：欧米雑種　作出：静岡県の井川秀雄（1966年交配）　交配親：ゴールデンマスカットの4倍体×クロシオ　倍数性：4倍体　熟期：8月上旬～中旬　収量：多　果皮色：赤褐～鮮紅　果粒形：短楕円　果粒重：13～18g　肉質：中間　糖度：18～19度　樹勢：強　耐病性：強

●品種特性

　紅富士の兄弟品種（井川668号）で山梨県の当時の竜王町農協がこれを譲り受けた（1980年品種登録）。巨大房、巨大粒の赤色品種で、粒着はやや粗。着色良好で、暗赤紫色になる地域もあるが、着色不良を起こしやすい西南暖地では、かえって鮮明な鮮紅色になる。肉質は軟らかく、多汁で、果皮の分離はよい。糖度高く、フォクシー香があり、消費者に好まれる。脱粒性があり、輸送性は弱いが、観光、直売では大人気。やや裂果性があり、幼果期の定期灌水が必須である。栽培容易であり、基本的には巨峰群品種に準じて行えばよい。

植原540号
Uehara 540　【生食用】

系統：欧米雑種　作出：山梨県の植原宣紘（1976年交配）　交配親：ピオーネ×紅富士　倍数性：4倍体　熟期：8月上旬　収量：多　果皮色：紫黒　果粒形：楕円　果粒重：11～15g　肉質：中間　糖度：20～22度　樹勢：強　耐病性：強

● 品種特性

　ジャスミンと兄弟品種で紫黒色の早熟種。フォクシー香が強く、糖度が非常に高く、濃厚なこくが特徴の品種。肉質は紅伊豆より硬いが多汁で、紅富士にほぼ似ている。樹勢は強いが、花流れ性はなく、豊産である。着色良好で、耐病性も強く、栽培容易で露地栽培できる大衆品種。果皮は厚く、裂果性は少ない。紅富士系統の兄弟品種はよく似た栽培容易な品種が生まれやすく、数は多いが、難点は米国系の弱点である脱粒性と軟弱な肉質。欧州系をより濃く取り込んだピオーネなどの、肉質のより硬い高級品種に徐々に移行してゆく。

白峰
Hakuhou　【生食用】

系統：欧米雑種　作出：東京都の芦川孝三郎（1955年）　交配親：巨峰の実生　倍数性：4倍体　熟期：8月下旬　収量：中　果皮色：黄緑　果粒形：短楕円　果粒重：12～16g　肉質：中間　糖度：16～21度　樹勢：強　耐病性：強

● 品種特性

　巨峰の実生は安芸クイーンなど、数多くの優秀品種を生み出しているが、本種はこの初期（約60年前）の品種で、高尾と兄弟品種として生まれた。やや花流れ性がある。肉質はやや軟、多汁で果皮は厚く、剥きやすい。味よく酸味適度。香りは強くない。脱粒性があり、観光、直売向きである。樹勢旺盛で、耐病性強く、栽培容易で、栽培は巨峰に準じる。ジベレリン処理で種なしになり、大粒化、早熟化が可能である。さらに本種の実生から、より優秀で安定性のある多摩ゆたかが誕生している。

ハニーシードレス
Honney Seedless 【生食用】

系統：欧米雑種　作出：国の果樹試（1968年交配）　交配親：巨峰×コンコードシードレス（1993年品種登録）　倍数性：3倍体　熟期：8月下旬　収量：多　果皮色：黄緑　果粒形：円　果粒重：4〜5g　肉質：中間　糖度：18〜20度　樹勢：強　耐病性：強

● 品種特性

栽培容易な無核種を目指した国の作出種。3倍体で自然状態では花流れ性があり小粒だがジベレリン処理で種なしになり、大粒化する。ジベレリン処理が不可欠な品種である。樹勢は強く、枝の登熟もよい。黄緑色で果粉は少ない。フォクシー香に似た香気があり、糖度は高く酸は少ない。食味はよい。栽培容易であるが、耐寒性は中程度で東北地方以南の気候に適す。巨大粒巨峰群品種の種なし化が普及したので、残念ながら本種の需要は少なくなった。小粒の種なし品種としては、最早熟のデラウェア系の人気だけはいまだに健在である。

ノースブラック
North Black 【生食用】

系統：欧米雑種　作出：国の果樹試（1976年交配）　交配親：セネカ×キャンベルアーリー（1993年品種登録）　倍数性：2倍体　熟期：8月中旬　収量：多　果皮色：紫黒　果粒形：短楕円　果粒重：4〜5g　肉質：塊状　糖度：16〜18度　樹勢：やや強　耐病性：強

● 品種特性

東北地方から北海道南部に適する、耐寒性のある品種。早熟で食味もよく、キャンベルアーリーに替わりえる品種として作出された。果粉が多く、外観が優れている。果皮の厚さは中で、容易に剥ける。果肉は塊状、硬度は中で、やや軟らかい。糖度は中で、キャンベルアーリーよりやや高い。酸は少なく、食味はキャンベルアーリーよりやや優れている。フォクシー香があり、熟期はキャンベルアーリーより1週間程度早熟である。耐寒性は強く、キャンベルアーリーに近い。

レッドクイーン 〔生食用〕
Red Queen

系統：欧米雑種　作出：長野県の武田万平　交配親：井川633号の芽条変異（1981年品種登録）　倍数性：4倍体　熟期：8月中旬　収量：中　果皮色：鮮紅　果粒形：短楕円　果粒重：13〜17g　肉質：崩壊性〜中間　糖度：20〜24度　樹勢：強　耐病性：強

● 品種特性

親の井川633号は、アカツキ（巨鯨×巨峰）の芽条変異種で、あけぼのと呼ばれていた。それがまた変異したのが本種である。鮮紅色で美しく、最高においしいオリンピアに、外観も食味もよく似ている。肉質はよく締まり、糖度は非常に高く、多汁でオリンピアに似た濃厚でハチ蜜のようなうまみがある。果皮と果肉の分離はやや難。酸は適度で、上品でかすかな芳香がある。裂果性はあるがオリンピアより少ない。収量を抑え、棚面を明るく保ち、着色をはかるといい。栽培は、裂果させず、着色を気遣う細心の技術を要する品種だが、市価は高い。

タノレッド 〔生食用〕
Tano Red

系統：欧米雑種　作出：新潟県の田野寛一（1955年頃）　交配親：不詳だが、ラブラスカ×ヴィニフェラと発表　倍数性：2倍体　熟期：8月下旬　収量：多　果皮色：紫紅　果粒形：楕円　果粒重：6〜10g　肉質：中間　糖度：16〜18度　樹勢：強　耐病性：強

● 品種特性

栽培容易な豊産種として人気があった。日本の育成品種としては、川上善兵衛のマスカットベーリーA、大井上康の巨峰以後に出た初期の交配種である。着色良好で外観よく、ボリュームがある。花流れなく、実止まりは最も安定しているが、あまりに密着し摘粒労力を要すことが難点である。品質は中の上で、ラブラスカ香があり、果肉は軟柔で多汁。果皮と果肉の分離はよい。裂果、脱粒なく、輸送性がある。樹はきわめて強健で、耐病性、耐寒性があり、労力はかかるが、栽培は最も容易な品種である。現在では地方的品種になっている。

天秀
Tensyu [生食用]

　系統：欧米雑種　作出：静岡県の井川秀雄　交配親：ピオーネ×カノンホールマスカット（1988年品種登録）　倍数性：4倍体　熟期：8月下旬　収量：中　果皮色：鮮紅〜紫紅　果粒形：短楕円　果粒重：12〜15g　肉質：塊状　糖度：16〜18度　樹勢：強　耐病性：強

● 品種特性

　天秀（井川1015号）は外観美しく、着色良好で、紅伊豆に似たボリューム感がある。粒着もよく花流れは少ない。果皮は厚く、果肉との分離はよい。肉質が軟らかいのは難点だが、食味は非常によい。酸味は少なく、心地よいフォクシー香を持ち、多汁で食べやすく、観光、直売には最適である。裂果性もない。樹勢は強く、耐病性もあり、栽培は容易である。ただし、クイーンニーナなど、果肉がしっかりした赤色巨大粒品種の相次ぐ出現で、軟弱な肉質の本種は残念ながら、肉質のしっかりした親のピオーネの人気には及ばなかった。

ウルバナ
Urbana [生食用]

　系統：欧米雑種　作出：アメリカのニューヨーク農試　交配親：ガヴァナーロス×ミルズ　倍数性：2倍体　熟期：9月中旬　収量：中　果皮色：明るい赤　果粒形：円　果粒重：3〜4g　肉質：塊状　糖度：17〜19度　樹勢：中　耐病性：強

● 品種特性

　ニューヨークの農業試験場が作出した栽培容易な晩熟紅色種。肉質は硬く締まり、食味はいい。明るい、紫みを含まない魅力的な赤色に着色する。硬い肉質だが多汁でラブラスカの香りがあり、親のミルズによく似ている。果実は棚持ちがよく、貯蔵性に富む。樹ははなはだ強健で、米国系の遺伝子を持っていて、耐病性が強く、耐寒性もある。栽培は容易だが果粒が密着するので、摘粒が必要。晩熟性を生かし、観光園では人気があったが、今ではさまざまな大粒種に人気を取られ、栽培は減っている。

ベニバラード
Beni Ballade

生食用

　系統：欧米雑種　作出：山梨県の米山孝之（1997年交配）　交配親：バラード×京秀（2005年品種登録）　倍数性：2倍体　熟期：8月上旬〜中旬　収量：中　果皮色：赤褐　果粒形：短楕円　果粒重：12〜14g　肉質：崩壊性　糖度：18〜21度　樹勢：強　耐病性：やや強

● 品種特性

　極早熟の皮ごと食べられる赤色品種である。果皮は薄い。ジベレリン処理すると種なしにはなるが、やや果皮が硬くなる。甘みは強く、果肉締まり、パリッと食べられ、レッドグローブに似た、よい食感である。酸は少なく、渋みはきわめて少ない。7月下旬に着色するが、8月に入ると糖度が高くなる。香りはなく、あっさりした食味で、いくらでも食べられるが、あまりこくはない。中熟・晩熟品種が長い時間をかけて熟すのに比べ、早熟品種は成熟期間が短いから、やや淡白になりやすく、濃厚なこくを出すのはなかなか難しいのである。

ノースレッド
North Red

生食用

　系統：欧米雑種　作出：国の果樹試（1976年交配）　交配親：セネカ×キャンベルアーリー（1992年品種登録）　倍数性：2倍体　熟期：8月下旬〜9月上旬　収量：中位　果皮色：紅色　果粒形：円　果粒重：4〜5g　肉質：塊状　糖度：17〜19度　樹勢：中　耐病性：強

● 品種特性

　本種は北海道や東北などの寒冷地に適する優良品種で、国が交配作出した。早熟で開花期が早く、熟期は東北では9月上旬〜中旬、北海道では9月下旬になる。果皮色は赤褐色で外観よく、果房は円筒形、250〜300gでやや小さい。花振るい性がややあり、収量も少ない。果肉は塊状で果皮との分離よく、果肉の硬さはやや軟らかい。糖度は17〜19度に達する。フォクシー香があり、食味は優れている。裂果はわずかで、日持ちもよい。

　樹勢は中位で登熟もよい。耐病性は強く、栽培は容易である。東北、北海道に適した赤色品種である。

BK シードレス 【生食用】
BK Seedless

　系統：欧米雑種　作出：国立九州大学　交配親：マスカットベーリーA×巨峰（2011年品種登録）　倍数性：3倍体　熟期：8月中旬　収量：多　果皮色：紫黒　果粒形：倒卵　果粒重：10～16g　肉質：中間　糖度：22～25度　樹勢：強　耐病性：強

●品種特性

　交配した未熟種子を人工培養して作出した3倍体品種で、種なしである。ジベレリン処理は満開～3日後と10日～15日後の2回（50ppm）行う。肉質は歯ごたえある崩壊性に近く、糖度は非常に高い。酸は低く、マスカットベーリーAと巨峰を混ぜたような独特の食味である。果皮は厚く裂果はない。フォクシー香がある。種なしであるから生食用の他、レーズン、ジャム、シャーベットなどの加工用としても期待できる。着色もよく、栽培容易で樹勢は強く、短梢栽培可能であり、西南暖地、東北以南での普及が期待される。

涼香 【生食用】
Suzuka

　系統：欧米雑種　作出：福岡県（2002年交配）　交配親：博多ホワイト×（宝満×リザマート）　倍数性：2倍体　熟期：8月中旬　収量：多　果皮色：青黒　果粒形：広楕円　果粒重：9～10g　肉質：崩壊性　糖度：18～19度　樹勢：中　耐病性：強

●品種特性

　巨峰よりやや小さいが2倍体品種では大粒。房は紫黒～青黒色で西南暖地でも着色良好である。巨峰より1週間早熟で、色も巨峰より黒い。これは本種のアントシアニン合成能力が遺伝的に高いためである。結実性も巨峰より安定している。しかも、シャインマスカットに似たマスカット香がある。満開時にジベレリン処理（25ppm）＋フルメット5ppm、14日後にジベレリン処理（25ppm）の2回処理で種なしになる。果皮は厚く、果皮と果肉の分離は難。花性は雌性であり、ジベレリン処理必須の専用種である。温暖化に対応できる品種。

紅義
Beniyoshi 〔生食用〕

　系統：欧米雑種　作出：神奈川県の青木義久　交配親：巨峰樹下の偶発実生（1995年品種登録）　倍数性：4倍体　熟期：8月下旬～9月上旬　収量：中　果皮色：赤褐　果粒形：倒卵　果粒重：15～20g　肉質：崩壊性～中間　糖度：18～20度　樹勢：強　耐病性：強

●品種特性

　巨大粒の紅色種で巨峰の実生と推定される。花粉は中、香気なく、果皮強く、果皮と果肉の分離はやや難。多汁で、糖度高く、酸味少なく、渋みもない。着色は比較的良好で、裂果はない。花流れ性、脱粒性は巨峰程度である。樹はやや旺盛で、耐病性も強く、栽培容易である。神奈川県からは人気の藤稔が作出されたが、本種は青木義久による赤系の選抜種である（2005年登録取り消し）。

旅路
Tabiji 〔生食用〕

　系統：欧米雑種　原産：北海道の小樽市塩谷地域　交配親：不詳　倍数性：2倍体　熟期：9月中旬～下旬（塩谷地域）　収量：中　果皮色：縞模様の入った赤紫　果粒形：短楕円　果粒重：5～6g　肉質：中間　糖度：18～19度　樹勢：中　耐病性：強

●品種特性

　北海道の小樽市塩谷地域で発見された品種。赤紫色の果皮にグーズベリー状の白い縞模様があり、かわいらしい手毬のような果粒で人気がある。昭和初期に20品種ほど北海道に導入された品種間の自然交雑実生の一つ。果肉は赤肉で、香りよく、すっきりした甘さである。小樽市、余市町、仁木町など、北海道の限定品種になっている。ジベレリン処理で種なしになって普及が進んだ。1967年、塩谷を舞台にしたNHKの朝のドラマ「旅路」を品種名にしたもので、それ以前は紅塩谷と呼んでいた。輸送性も強い。ワインも造られている。

あずましずく
Azumashizuku 〔生食用〕

　系統：欧米雑種　作出：福島県農業総合センター果樹研究所（旧福島県果樹試験場）（2004年）　交配親：ブラックオリンピア×4倍体ヒムロッドシードレス　倍数性：4倍体　熟期：8月上旬～中旬　収量：中位　果皮色：黒　果粒形：円　果粒重：11～15g　肉質：中間　糖度：17～19度　樹勢：強　耐病性：強

●品種特性
　福島県オリジナル品種である。完全無核で黒色の極早生品種。満開後4～13日頃のジベレリン50ppmの1回処理により果粒重は11～15gと大粒となる。果皮と果肉の分離が容易で食べやすい。肉質は中間で果汁が多く、糖度は17～19度、酒石酸は0.5％前後である。香気はフォクシーで食味はきわめて優れている。育成地において露地栽培で旧盆前の販売が可能であることから、需要期の高値販売が期待できる。2014年度より福島県外への苗木の販売が可能となり、全国からの注目度も高い。（福島県農業総合センター果樹研究所　桑名篤）

スカーレット
Scarlet 〔生食用〕

　系統：欧州種に近い欧米雑種　作出：山梨県の植原宣紘（2010年初結果）　交配親：ロザリオロッソ×シャインマスカット　倍数性：2倍体　熟期：8月中旬～下旬　収量：中～多　果皮色：鮮紅～紫紅　果粒形：楕円～偏円　果粒重：12～15g　肉質：崩壊性　糖度：18～22度　樹勢：強　耐病性：やや強

●品種特性
　マスカサーティーン（白）、ヌーベルローズ（赤）と両親は同じで、濃い赤色種で大粒である。ジベレリン処理で種なしになり、フルメット処理すると親のシャインマスカットより大粒になってきた。シャインマスカットと同様の栽培法でよい。外観は黄緑色のカッタクルガンを赤くしたような形状でボリューム感がある。糖度も22度になり非常に食味がよく、皮ごと食べられる。マスカット香がないのが残念だが、短梢剪定にも適し、栽培容易で着色もよい。名画「風と共に去りぬ」の主人公の美女、スカーレット・オハラから命名した。

甲斐のくろまる
Kainokuromaru 【生食用】

　系統：欧米雑種　原産・作出：山梨県果樹試験場（2013年）　交配親：山梨46号（巨峰self）×ピオーネ　倍数性：4倍体　熟期：8月上旬　収量：中位　果皮色：紫黒　果粒形：円　果粒重：13～15g　肉質：崩壊性と塊状の中間　糖度：17～19度　樹勢：中　耐病性：中位

品種特性

　ジベレリン処理により種なし化した果房の収穫始期は8月上旬で、同様に種なし化した巨峰より1週間程度早く成熟する。果皮色は紫黒で着色は優れる。肉質はやや硬く締まり、剥皮（はくひ）は容易である。糖度は18度程度で酸切れが早く食味は良好である。巨峰に比べ花穂が小さく、年により落蕾が発生することがあるので、ジベレリン処理が遅れないようにし、また、樹勢を落ち着かせるなど着粒確保をはかることが安定生産のポイントである。山梨県限定のオリジナル品種で他県では栽培できない。（山梨県果樹試験場　小林和司）

甲斐ベリー3
Kai Berry 3 【生食用】

　系統：欧米雑種　原産・作出：山梨県果樹試験場（2016年出願公表）　交配親：山梨46号（巨峰self）×ピオーネ　倍数性：4倍体　熟期：8月中旬　収量：中位　果皮色：紫黒　果粒形：円　果粒重：20～25g　肉質：崩壊性と塊状の中間　糖度：17～18度　樹勢：中　耐病性：中位

●品種特性

　樹勢は中程度、満開期は巨峰と同時期である。ジベレリン処理により種なし化した果房の収穫始期は8月中旬で、巨峰とピオーネの間である。果皮色は紫黒で巨峰やピオーネに比べると着色は優れる。果粒重は20g以上、果房重も600g以上になり極大でボリューム感がある。糖度は18度程度で酸切れが早く、食味は良好である。ジベレリンとCPPU液剤の混合液1回処理でも十分に商品性を有した果房になる。山梨県限定のオリジナル品種で他県では栽培できない。（山梨県果樹試験場　小林和司）

ニューヨークマスカット
New York Muscat 生食用

　系統：欧米雑種　作出：アメリカのニューヨーク農試　交配親：オンタリオ×マスカットハンブルグ　倍数性：2倍体　熟期：8月上旬　収量：多　果皮色：紫黒　果粒形：円　果粒重：3～5g　肉質：塊状　糖度：20～23度　樹勢：中の上　耐病性：強

● 品種特性

　極早熟の紫黒色種で耐寒性が強く、東北、北海道などで人気が高い。適度な密着房で、やや摘粒する程度でよい。着色は良好で、マスカットハンブルグに似た芳香を持ち、糖度は高く23度に達し、欧米雑種としては食味が抜群にいい。果皮は厚く、裂果はなく、果皮と果肉の分離はよく、肉質は多汁である。栽培は、耐病性があり、はなはだ容易であり、家庭での趣味栽培にも適す。フルメットの5ppm処理で粒張りがよくなる。

ジュエルマスカット
Juwel Muscut 生食用

　系統：欧米雑種　原産・作出：山梨県果樹試験場(2013年)　交配親：山梨47号（ジュライマスカット×リザマート）×シャインマスカット　倍数性：2倍体　熟期：9月上旬　収量：中位　果皮色：黄緑　果粒形：長楕円　果粒重：16～19g　肉質：崩壊性　糖度：17～19度　樹勢：中　耐病性：中位

● 品種特性

　品種名は、山梨県の伝統的地場産業品であるジュエリーのように外観が美しい黄緑色のブドウという意味である。開花始めに花穂下部4cmを用いて整房し、満開期および満開2週間後の2回のジベレリン処理を行い種なし栽培とする。30粒程度に摘粒すると600g程度のボリューム感のある美しい果房となる。果肉は硬く締まり皮ごと食べることができ、酸切れが早く食味は良好である。山梨県限定の囲い込み品種で、あいにく他県では栽培できない。（山梨県果樹試験場　小林和司）

第2部　欧米雑種・米国系のブドウ品種　131

バイオレットキング
Violet King 　生食用

系統：欧州種に近い欧米雑種　作出：山梨県の志村富男（2008年交配）　交配親：ウインク×シャインマスカット　倍数性：２倍体　熟期：９月上旬〜中旬　収量：中〜多　果皮色：鮮紅〜紫紅　果粒形：偏円〜短楕円　果粒重：20〜30g　肉質：崩壊性　糖度：18〜23度　樹勢：強　耐病性：やや強

● 品種特性

巨大粒の赤い大房になる、シャインマスカットの子供。優雅な外観で、存在感がある。裂果は少なく、果皮薄く、皮ごと食べられる。ジベレリン処理にフルメットを使うと30gに近い巨大粒の種なしになり、肉質よく、着色も良好である。マスカット香はない。果梗はしっかりと強く、日持ちがよく、脱粒性もなく、欧州種の長所を備えた品種である。さっぱりした食味で糖度は高く、上品な食後のデザートに最適。マスカットオブアレキサンドリアや甲斐路的なこくはなく、比較的あっさりした食味である。

ブラックオーパス
Black Opus 　生食用

系統：欧米雑種　作出：山梨県の植原宣紘（1978年交配）　交配親：ブラックオリンピア×国宝　倍数性：４倍体　熟期：８月中旬　収量：中　果皮色：紫黒　果粒形：短楕円　果粒重：14〜17g　肉質：中間　糖度：21〜23度　樹勢：強　耐病性：強

● 品種特性

早熟な巨峰系品種作出の目的で親にブラックオリンピアと国宝を選び、交配した中で、最も肉質がよく、玉張りのよいのが本種である。平均糖度は21.6度、最高は23.4度と高く、着色良好。味は濃厚で、ラブラスカ香がある。房揃いもいいが、ときにやや裂果が見られた。佐賀県の栽培者から「出荷先できわめて好評につき、品種名をつけてほしい」と依頼があり、ブラックオーパスと命名した。「黒い芸術作品」というような意味である。樹勢も強く、耐病性もあり、栽培は容易である。

ダークリッジ
Darkridge

生食用

　系統：欧米雑種　作出：国の果樹試（1975年交配）　交配親：巨峰×ナイアベル（2001年品種登録）　倍数性：4倍体　熟期：8月下旬～9月上旬　収量：中　果皮色：紫黒　果粒形：短楕円　果粒重：9～12g　肉質：中間　糖度：18～20度　樹勢：強　耐病性：強

● 品種特性

　巨峰より着色がいい巨峰系品種である。高温の西日本でもよく着色する。花流れ性少なく、巨峰より実止まりがいい。果粒は巨峰よりやや小さく、糖度は高く、フォクシー香が強い。裂果は少なく、巨峰に似ているが、果皮と果肉の分離は難である。留意点は東北北部、北海道は耐寒性が弱く適応できないこと。ジベレリン処理に反応が鈍く、種なし化が難しいことである。本種は巨峰の着色が難しい西南暖地の栽培品種として普及が期待されている。

シナノスマイル
Shinano Smile

生食用

　系統：欧米雑種　作出：長野県の反町静男（1982年頃実生選抜、1995年品種登録）　交配親：高墨の自家受粉実生　倍数性：4倍体　熟期：8月下旬～9月上旬　収量：中位　果皮色：鮮紅　果粒形：短楕円　果粒重：15～18g　肉質：中間　糖度：16～20度　樹勢：強　耐病性：強

● 品種特性

　巨峰から高墨を選抜した反町静男がその種子をまき、本種を作出した。熟期は巨峰に続く中性の晩、色は安芸クイーンより濃い赤色だが、暗赤色にはならない。棚を明るくして光線を当てれば着色は容易である。多雨年でも裂果はほとんどなく、果粒は巨峰よりやや大きく、最大30gもあった。本種も巨峰と同様にジベレリン処理をすれば種なしになる。ただし、安芸クイーンと同様に、ジベレリン処理した果房は、着色がやや遅れがちで、種ありのような濃い鮮紅色にはならず、苦労した経験がある。

グロースクローネ 〔生食用〕
Grosz Krone

　系統：欧米雑種　作出：国の農研機構（1998年交配、2017年品種登録）　交配親：藤稔×安芸クイーン　倍数性：4倍体　熟期：8月下旬　収量：中位　果皮色：紫黒　果粒形：短楕円　果粒重：18〜23g程度　肉質：中間　糖度：18〜21度程度　樹勢：強　耐病性：中

●品種特性
　極大粒で堂々とした外観と優れた着色性を持つ紫黒色品種。グロースはドイツ語で大きい・偉大な、クローネは王冠の意。2回のジベレリン処理（25ppm）により種なしで20g程度の極大粒となる。黒々と安定着色する特性も名前に込められている。夏季の気温が高い西南暖地における着色が巨峰やピオーネよりも濃い紫黒色になることから、着色不良が問題となっている産地での普及が期待される。高糖・低酸で食味良好。香気はフォクシー香。若木のうちは花振るい性が強いが、樹勢が落ち着くにつれて軽減される。（農研機構果樹茶業研究部門ブドウ・カキ研究領域　東　暁史）

セイベル9110 〔生食・醸造兼用〕
Seibel 9110

　系統：直産雑種　作出：フランスのアルベール・セイベル　交配親：ヴィニフェラ×米国野生種　倍数性：2倍体　熟期：8月中旬〜下旬　収量：多　果皮色：黄緑　果粒形：先尖り楕円　果粒重：2〜3g　肉質：塊状　糖度：18〜19度　樹勢：中　耐病性：強

●品種特性
　本種はフレンチハイブリッド（直産雑種）である。アメリカ大陸から持ち込まれたフィロキセラ（根アブラムシ）の被害で大打撃を受けたヨーロッパで、セイベルは欧州種とフィロキセラ抵抗性の台木とを交配し、自根栽培できる品種を育成しようと1万種以上の品種を作出。本種はその中で最も普及した生食・醸造兼用種である。ジベレリン処理で種なし化し早熟になり、皮ごと食べられる。この白ワインはフルーティーで爽快な香りがある。ブドウは耐病性強く、豊産、栽培容易で耐寒性もあり、北海道、長野、新潟県などで栽培されている。

サンセミヨン
Sun Sémillon 〔醸造用〕

系統：欧米雑種　作出：山梨県果樹試験場（1977年交配）　交配親：笛吹×グロセミヨン　倍数性：2倍体　熟期：8月下旬〜9月上旬　収量：多　果皮色：黄緑　果粒形：短楕円　果粒重：2〜4g　肉質：崩壊性　糖度：19〜21度　樹勢：中　耐病性：やや強

●品種特性

本種は農水省から種苗法に基づく品種登録（2000年）を得た品種である。親の笛吹はミルズ×アンジェロピローバノ（山梨果試、1955年）で、生食・醸造兼用種である。この白ワインはセミヨンに近く、ほぼ純欧州種の味と香りを持ち、ミルズからくるラブラスカ香は感じられない。香りは華やかでフルーティー、色は黄金色でセミヨンに似てボディーもしっかりしている。日本の気候に適し、栽培容易であるが、棚作りしたほうが収量は多い。耐病性は強いが、糖度が高いため晩腐病には要注意である。

ベーリーアリカントA
Bailey Alicante A 〔醸造用〕

系統：欧米雑種　作出：新潟県の川上善兵衛（1923年交配）　交配親：ベーリー×アリカント・ブスケ　倍数性：2倍体　熟期：9月上旬　収量：中位　果皮色：紫黒　果粒形：円　果粒重：1〜2g　肉質：崩壊性　糖度：18〜22度　樹勢：強　耐病性：強

●品種特性

マスカットベーリーA、ブラッククイーンなどを育種した川上善兵衛が本種を作った。川上善兵衛は日本の「ブドウの父」と呼ばれている。色素が濃く、薄い赤ワインの色を調整するブレンド用品種として重宝。樹勢は強く、強健で栽培容易。豊産ではないので弱剪定して結果母枝を多くつけて果実を確保する。親のアリカント・ブスケは肉質が赤い赤肉種で、濃厚な赤ワインになる。本種も赤肉種であり、降雨が多く、日照不足になりがちな日本では、栽培が難しい欧州系赤ワイン専用種の色を濃くするための貴重な品種になっている。

モンドブリエ
Monde Briller 〔醸造用〕

系統：欧米雑種　作出：山梨県果樹試験場（1996年交配）　交配親：シャルドネ×カユガホワイト（2016年品種登録）　倍数性：2倍体　熟期：9月下旬〜10月上旬　収量：中　果皮色：緑黄　果粒形：円　果粒重：1〜3g　肉質：塊状　糖度：19〜23度　樹勢：強　耐病性：強

● 品種特性

　白ワインで人気最高のシャルドネはべと病に弱く、これにべと病耐性が強いカユガホワイトを交配して選抜した新品種である。糖度は23度程度で非常に高く、ワインの香りはマスカット香に近く、豊かで酸含量も適度。爽やかな味わいである。品質検討会では常に安定した高い評価を得ている。べと病に対する耐病性は親のカユガホワイトと同程度で強い。東北地方での栽培も問題はなく、耐寒性がある。
　品種名はフランス語で、モンドは世界、ブリエは輝くの意。

ブラッククイーン
Black Queen 〔醸造用〕

系統：欧米雑種　作出：新潟県の川上善兵衛（1927年交配）　交配親：ベーリー×ゴールデンクイーン　倍数性：2倍体　熟期：9月中旬〜下旬　収量：多　果皮色：紫黒　果粒形：短楕円　果粒重：2〜3g　肉質：塊状　糖度：18〜20度　樹勢：強　耐病性：強

● 品種特性

　日本のブドウとワインの父と呼ばれる川上善兵衛が育種した品種である。非常に色が濃く、豊かな酸味、滑らかなタンニンを持つ辛口赤ワインになる。完熟させると、さらにいい。香りはやや薄いが樽熟成させるとスパイシーになる。新潟、長野、山梨県で栽培されている。
　川上善兵衛は1870年代に勝海舟のすすめでブドウとワインの研究を始めたという。多くの品種を集めて交配を繰り返し、マスカットベーリーA、本種、ローズシオタ（白ワイン用）など、数々の品種を日本ワイン界に送り出した大先輩である。

セイベル 13053
Seibel 13053　　　　　　　　【醸造用】

　系統：直産雑種　作出：フランスのセイベル　交配親：ヴィニフェラ×台木（北米の野生種）　倍数性：2倍体　熟期：8月下旬～9月上旬　収量：中～多　果皮色：紫黒　果粒形：円　果粒重：1～2g　肉質：中間　糖度：17～18度　樹勢：中　耐病性：強

● 品種特性

　根は台木のフィロキセラ抵抗性を持ち、果実はワイン用になるという、接ぎ木しないで栽培できる品種を目指した交配種をフレンチハイブリッド（直産雑種）と呼ぶ。本種は数多くの直産雑種の中で最も普及した早熟の赤ワイン用品種。耐寒性があり、耐病性も強く、北海道に普及している。一方、暖地では酸が少なく、あまり適さない。白ワイン用のセイベル9110と本種が栽培容易で、ワイン用品種として期待されていたが、ワイン専用欧州種と比べると、台木からくる酒質が災いして敬遠され、だんだんと栽培面積が少なくなっている。

甲斐ノワール
Kai Noir　　　　　　　　【醸造用】

　系統：欧米雑種　作出：山梨県果樹試験場（1969年交配）　交配親：ブラッククイーン×カベルネソービニヨン　倍数性：2倍体　熟期：10月上旬～中旬　収量：多　果皮色：紫黒　果粒形：短楕円　果粒重：1～2g　肉質：塊状　糖度：18～20度　樹勢：中　耐病性：強

● 品種特性

　1990年に農水省育成新品種として登録されたワイン専用種である。果房は300g程度で豊産。着色良好で病気に強く、栽培は比較的容易であるが、晩腐病には注意が必要である。ワインは濃厚な赤紫色になり、カベルネソービニヨンによく似た香りがある。日本の気候に合う本格的なワイン専用種を目指した育種の成果であり、マスカットベーリーAのワインより、最高品質のカベルネソービニヨンを交配の親に使ったことで、一段とワイン専用欧州種のワインに近づいた、しかも栽培しやすい品種として期待されている。

第2部　欧米雑種・米国系のブドウ品種　　137

サペラヴィ
Saperavi 〔醸造用〕

　系統：欧米雑種　原産：グルジア（ジョージア）　交配親：不詳、古い土着品種　倍数性：2倍体　熟期：9月中旬　収量：中　果皮色：紫黒　果粒形：円　果粒重：1～2g　肉質：崩壊性　糖度：18～22度　樹勢：強　耐病性：やや強

●**品種特性**
　ワイン用、生食用の欧州種の発祥地が黒海とカスピ海の沿岸地域のグルジア（ジョージア）である。本種の系統は500種もあるという。ワインは力強く、しなやかでタンニンがしっかりしている赤ワインで、メルローより強い。ブラックチェリー、カシスなどの香りがあり、辛口の長熟ワインである。現地の羊肉料理には最適だそうである。グルジアでは日本の全ブドウ栽培面積の2倍以上の4万haに本種を栽培している。ノアの箱舟の伝説がある歴史的地域の原産種を導入して、この栽培に挑戦しているワイナリーが京都府にある（丹波ワイン）。

米国系の分布と品種特性

栽培しやすい米国種

　北米大陸に原生するブドウ属植物の中で、現在の栽培品種の基本になっているヴィティス ラブラスカ（*Vitis labrusca* L.）を米国種という。これらのアメリカブドウの品種群は、カナダと接するアメリカ東部の北側地域に原生しており、冬季低温、夏季多湿という環境条件の中に適応してきたため、冬季が温暖で、夏季が乾燥する気候下に育った欧州種群と比較すると特性がまったく異なっている。

　米国種は耐寒性が強く、欧州種は弱い。日本で育ててみると、米国種の枝は硬く色は濃い褐色だが、欧州種の枝は軟らかく色は薄い褐色が多い。欧州に行ってみると、乾燥して雨が少ないから同じ欧州種ではあるが、日本よりはるかに枝は充実していて硬いのである。硬い枝のほうが寒さに強いのだろう。

　米国種を日本で栽培すると、欧州種より容易に栽培できる。明治時代に導入されたブドウ品種のうち、米国種と欧米雑種が生き残ったのは、日本の気候が米国種の故郷の気候と似ていたからなのである。

　米国種の葉はそれほど大きくはないが、厚くて葉裏に綿毛がある品種が多い。病原菌は葉の表面にはクチクラ層があり水を弾くから侵入するのが難しい。葉裏には気孔があって呼吸をするから、侵入しやすいのだが、綿毛が水を弾き病原菌の侵入を阻止する効果があるのである。欧州種は米国種よりは葉が薄く、葉裏に綿毛がない品種が多く、多雨地の日本では病気になりやすい。病害抵抗性で比較すると、欧州種より米国種のほうがはるかに強いのである。

　ブドウの品質で比較すると米国種は肉質が塊状で果皮と果肉が離れやすい、いわゆるスリップ・スキンである。粒を指で押すと果肉が口の中に飛び込んでくるタイプが多い。欧州種は果皮が薄く、果肉は崩壊性といって、硬い締まり、歯ごたえがある。果皮と果肉の分離は難しく、果皮を剥かないで、果皮ごと食べる品種が多い。

　米国種は多汁で粒が軟らかく、ジューシーな品種が多いのにたいして、欧州種は水分が少なく、コリコリと硬く、粒の一部を噛んで食べても、汁が垂れない品種が多い。欧州人は欧州ブドウを数千年も食べ続けているから、ブドウは丸ごと食べる。米国系の品種は皮が厚く、渋くて食べられないものが多い。だから、口に合わないという人が欧州人には多いのである。

　ブドウの香りも違う。米国系品種はキツネの香りに似ている（あるいはキツネが好んで食べる）といって欧州人に嫌われる。フォックス・スメルと表現する。フォクシー香ともラブラスカ香（ラブルスカ香）ともいう。この香りは、日本人にとっては嫌な香りではない。

日本人に受け入れられた香り

　ナイアガラ、ポートランド、コンコードなどは日本人には受け入れられており、キャンベルアーリー、バッファロー、スチューベンなどもフォクシー香がある、と表現されるが、品種ごとに微妙に異なり、香りにはそれぞれ特徴があり、まったく同じ香りではない。グレープ・ジュースの原料としてはコンコードが最も有名であり、この香りは多くの人々がなじみ、広く受け入れられている。

　欧州人はワインとの付き合いが非常に長く、好みの香りは欧州系ブドウ用品種からくる上品な香りである。米国種の香りは強く、むしろ強烈過ぎて、多くの欧州人にとってはなじめない香りなのである。

　ところが、アメリカの東海岸地域に長く

暮らしているアメリカ人は米国系品種を食べるし、そのワインを好む人も多いと聞いている。長年暮らしていると、その土地で栽培されているブドウになじみ、欧州から来た白人でも数世代後になると、味覚が変わるらしいのである。嗜好の変化は急激ではないが、数百年単位でみると徐々に変わるのであろうか。日本人は米国種が栽培容易だったからアメリカブドウを作り、明治、大正、昭和と親しんできた。その後、欧米雑種の巨峰が作出され人気を得て、現在主要品種になってきている。

子供の頃食べたブドウが巨峰ならば、巨峰になじんで育つ。だから、純粋な米国種には戻らないことになり、むしろ欧州種に近い欧米雑種が人気を得て、その方向に変化していくだろう。ワインの香りにしても、だんだんと欧州系ワインのほうを好む人が増えてきている。

米国系ブドウの品質は、あまりいいとはいえない。糖度は高いから、甘さは十分あるが、欧州種のようなサッパリした上品な味わいがない。それに、粒が落ちやすく、日持ちが悪い。

この米国種の脱粒性と輸送性の弱さは、欧州種には勝てない性質なのである。欧州種は果芯が長く、深く粒中に入っているものが多く、粒が落ちにくい。果梗も強くしっかりしていて棚持ちがよいのである。米国系は雨に強く、寒さにも強いが、果実の品質は欧州系には勝てないという弱さがある。

日本のブドウ界を支える大黒柱

デラウェアは米国系品種であるが、ラブラスカの純系ではなく、他の系統の野生種との自然交雑種と思われ、脱粒性はあまりない。また、日持ちも比較的長く、適度に密着して輸送性もある。香りもフォクシー香ではなく、白ワインを上手に造るとドイツワインに近い上品な香りが出る。日本の主要品種になっているのもこうした利点が

箱詰めのキャンベルアーリー

あるからである。

また、キャンベルアーリーも米国系であるがラブラスカの純系ではなく、黒系の中では最もしっかりした特性を持ち、日本では長く主要品種であった。今でも550haの面積があり、栽培面積が第5位の位置にある。この品種の4倍体早熟変異種が巨峰の親になっている。第1位を長く維持している巨峰のおいしさは、キャンベルアーリーから受け継がれたものである。

巨峰が普及すると、だんだんキャンベルアーリーの栽培面積は減少する。こうして、米国種の時代は縮小し、まさに新しい欧米雑種が作出されて品質を競い合う時代になってきた。

最近のシャインマスカットの人気上昇は目をみはるものがあるが、この品種の作りやすさは母親に米国系のスチューベンが交配してあり、見た目は欧州種のようだが、厳密にいうと欧米雑種なのである。

米国種は日本のブドウ界を支える、縁の下の力持ち、大黒柱なのである。欧州種には向かない湿潤な気候にめげずブドウ栽培に励めるのは、米国種の持つ強い耐病性を優秀な欧州種に取り入れ、安定した栽培が可能になったからなのである。

棚下の果房

果粒縦断面と粒形

果房を店頭に出荷

ナイアガラ
Niagara 〔生食用〕

系統：米国型雑種　原産：米国　交配親：コンコード×キャサディー　倍数性：2倍体　熟期：8月下旬～9月上旬　収量：多　果皮色：白黄　果粒形：円　果粒重：3～5g　肉質：軟らかい塊状　糖度：15～21度　樹勢：中　耐病性：強

●品種特性

1893年（明治26年）に導入され、現在は長野、東北、北海道などで栽培されている主要経済品種の一つである。円筒形中房で200～350g。円形大粒3～5gで花流れなく品質は良、果皮と果肉の分離はよく、果肉は軟塊で多汁、種のまわりに酸味がある。

独特な強い米国系のフォクシー香があり、室内に置くと部屋いっぱいに広がるこの香りを好む人にとっては魅力がある。完熟すると香りはまろやかになり、酸も少なくなり、果皮の内側にメロン状の網目が透けて見えてくる頃には食味は一段と向上する。裂果は少なく、耐病性、耐寒性強く、省力栽培でき、栽培は最も容易であり、趣味栽培には最適である。ただし、ジベレリン処理をしても種なしにはならない。

樹勢は中であり、木は強健で豊産である。果実の日持ち、輸送性はやや弱い。生食用の他に、ワインやジュース、ジャムにすると香りが強く、一部には人気がある。一方、欧州系の淡い上品な香りが好きな人にとっては、この香りが強烈過ぎて敬遠されることもある。2014年、ブドウ栽培面積の順位は6位で意外に高い順位である。おそらく北海道、東北、長野県産のナイアガラワインなどが貢献しているのだろう。

棚下の果房（8月下旬）

果粒縦断面と粒形

果粒肥大期（7月中旬）

スチューベン
Steuben

`生食用`

系統：米国型雑種　作出：米国のニューヨーク農試（1947年発表）　交配親：ウエイン×シェリダン　倍数性：2倍体　熟期：8月下旬　収量：多　果皮色：紫黒　果粒形：円　果粒重：3〜5g　肉質：塊状糖度：18〜23度　樹勢：中　耐病性：強

● **品種特性**

本種は驚くほど糖度が高く、独特な甘味、うまみがあり、栽培面積はそれほど多くはないが、日本の主要品種の一つである。東北に多く、青森県では多量に貯蔵して年末年始に供給し、人気を博している。2014年、ブドウ栽培面積の順位は8位である。

マスカットベーリーAを小型にしたような円筒形〜円錐形中房で300g程度。実止まりよく、やや密着。摘粒したほうが粒張りはよくなる。酸は少なくハチ蜜に似た甘みを持ち、香りもある。果粉は厚く、美しい。着色はきわめて良好。果皮は強く裂果しない。果肉は塊状でやや軟らかく多汁。肉質は滑らかで品質よく、果皮と果肉の分離はよい。棚持ち、日持ちも良好である。

耐病性強く、豊産で栽培は容易。趣味栽培にも最適である。ただし、耐寒性はやや弱く、結果過多を避けると樹の貯蔵養分が増えて耐寒性が増すので、凍害を防ぐことができる。樹勢は中で樹冠はそれほど拡大しない。

ジベレリン処理で種なし化もできるが処理時期や濃度が微妙で難しい。処理した翌年の萌芽が悪くなるのにも注意。本種を祖母にした新品種のシャインマスカットに大変人気があるのは、スチューベンの遺伝子の影響かもしれない。

棚下の果房

果粒縦断面と粒形　葉

キャンベルアーリー
Campbell Early

生食用

系統：米国型雑種　作出：米国のキャンベル氏（1892年交配）　交配親：ムーアアーリー×（ベルビレーデ×マスカットハンブルグ）　倍数性：2倍体　熟期：8月中旬　収量：最多　果皮色：紫黒　果粒形：円　果粒重：5～7g　肉質：軟らかい塊状　糖度：15～17度　樹勢：中　耐病性：強

● 品種特性

1897年（明治30年）に導入され、デラウェアと並んでわが国の2大主要品種であった。本種の変芽の石原早生から遺伝子を受け継いだ4倍体巨大粒の巨峰が人気化し、大々的に普及したため、小粒のキャンベルアーリーは市場価格が下がり、今では地方品種になっている。

円筒形房で350～400g、密着房で花流れなく栽培は最も容易。果皮は厚く、離れやすく食べやすい。香りが強く米国系のフォクシー香が特徴。完熟すると濃厚なうまみが出て、酸味とのバランスがよい。品質は良。米国系としては脱粒性、輸送性が強く、最も豊産で10a当たり2tを超え、着色もよい。

樹勢は中で、10a当たり15～25本の密植栽培が多く、短梢栽培に適す。耐病性、耐寒性が最も強く、九州から北海道まで、適地の幅は広い。2014年ブドウ栽培面積の順位は5位であり、巨峰系などの巨大粒品種に不向きな東北、北海道の寒冷地に栽培が多い。

防除が容易なため、初心者の趣味栽培には最適である。ただし、害虫（特にトラカミキリ）の食害を受けやすいので、庭園栽培でも収穫後と春先の萌芽前など、殺虫剤散布は欠かせない。

収穫期の樹園

箱詰めの果房　　　　　枝つきの果房

ポートランド
Portland

`生食用`

　系統：米国種　作出：ニューヨーク農試（1914年発表）　交配親：チャンピオン×ルテー　倍数性：2倍体　熟期：8月上旬　収量：多　果皮色：白黄　果粒形：円　果粒重：3～6g　肉質：塊状　糖度：17～22度　樹勢：中の上　耐病性：強

●品種特性

　極早熟、耐寒性強く、北海道では優良品種に指定されている（1973年）。円筒形中房、200～300g。花流れなく、密着しやすい。軽く摘粒すると裂果を防げる。日本人好みの甘さと強い独特のフォクシー香があり、北海道・東北に栽培が多く、本種に郷愁を感じる消費者も多い。

　多汁で果皮と果肉の分離がよく食べやすい。果皮は厚く強いが、完熟するともろくなり、脱粒、裂果しやすくなり、輸送性が弱い。これらの性質は米国種に共通する弱みである。ブドウ狩り、観光直売には最適で北海道の余市町、仁木町などでは人気が高く、趣味栽培にも適す。耐病性、耐寒性強く、東北や北海道の主要品種である。2014年、ブドウ栽培面積の順位は14位である。

　残念ながら、本種の輸送性の弱さが問題になり、東北以南の各地では欧米雑種、または欧州種のブドウ品種が栽培され、これらは輸送性、貯蔵性がより強いので、温暖な地域では本種など、米国種の栽培はだんだん減少している。

果粒肥大（7月中旬）

着色始め期の果房　　　葉（7月中旬）

バッファロー
Buffalo　　　　　　　　　生食用

系統：米国型雑種　作出：ニューヨーク農試　交配親：ハーバート×ワトキンス　倍数性：2倍体　熟期：7月中旬〜8月中旬　収量：多　果皮色：紫黒　果粒形：円〜短楕円　果粒重：3〜5g　肉質：塊状と崩壊性の中間　糖度：16〜24度　樹勢：強　耐病性：強

●品種特性

栽培容易な最早熟品種で日本の栽培面積ベスト30品種中、23位（2014年）である。日本には米国よりスチューベンと混合して導入され、スチューベンより早熟だったため、「アーリースチューベン」と呼ばれていたが、植原葡萄研究所では本種をバッファローと判断（1974年頃）していた。その後1984年に九州大学の白石教授による色素分析の結果、アーリースチューベンとバッファローは同一品種であることが証明された。

円筒形中房400g程度だが、ジベレリン処理すると500gになる。青みを帯びた紫黒色で花粉多く、着色良好で優美である。欧米雑種中、米国系の性質が強いが、品質は高く、多汁である。果皮は厚く、剝きやすく適度な酸味がある。また、上品なフォクシー香がある。脱粒性は中で、やや輸送性に欠ける。東北以北地方に適し、輸送性が増し、耐寒性も強く、豊産、栽培容易である。北海道ではキャンベルアーリーに替わる主要品種になっている。

樹勢は強く、葉は大きく葉裏は綿毛で覆われ、枝の登熟もよく、耐病性は強い。

果房のジベレリン処理はデラウェアより2〜3日早く行い、開花12〜14日前の花冠長が1.6〜1.9mmのときの処理（100ppm）が無核率95%と最も高く、安定的処理ができる。2回目の処理は満開15日後100ppmで、果梗の硬化もなく、みごとな種なし果になり、大粒早熟化する。

枝つきの果房

成熟期の樹園

コンコード
Concord 【生食・醸造兼用】

系統：米国種　作出：米国マサチューセッツ州（1849年選抜）　交配親：2万株の野生種の中から選抜　倍数性：2倍体　熟期：9月中旬～下旬　収量：多　果皮色：紫黒　果粒形：円　果粒重：2～4g　肉質：塊状　糖度：17～23度　樹勢：中～旺盛　耐病性：強

●品種特性

　本種は生食・醸造用・果汁用として重要な品種であり、ジャム用にもなる。米国（2011年）では北アメリカにおける主要品種であり、42万tの生産量がある。これは日本の全ブドウ生産量の約2倍に相当する。日本には明治時代に導入され、長野県の桔梗が原で普及した。現在でも長野県が栽培面積では全国トップで、2350t（2010年）生産されている。

　本種の果房は円筒形～円錐形、中の大、約200g。果粉（ブルーム）が厚く美しい。果皮と果肉の離れがよいスリップスキン（slip-skin）である。食べるさい、果肉が塊のまま滑って飛び出すことを意味し、デラウェアもスリップスキンである。米国種（別名fox grape）に特有で濃厚なフォクシー（foxy）香がある。ワインにするとこの香りが強過ぎて敬遠される場合もあるが、甘口のデザートワイン（赤またはロゼ）が長野では定着している。

　樹は強健で栽培は省力化でき、きわめて容易である。耐寒性も強い。収穫量は多いが、成熟期の多雨で裂果することがあり、収量制限していっせいに収穫するとよい。2014年、本種のブドウ栽培面積の順位は16位と意外に高いのは多用途品種だからである。

大玉ポートランド
Ohtama Portland
生食用

　系統：米国種　作出：青森県の佐藤（年代・名前不明）　交配親：ポートランドの大粒変異種　倍数性：4倍体　熟期：8月上旬　収量：中　果皮色：黄緑〜白黄　果粒形：円　果粒重：6〜7g　肉質：塊状　糖度：17〜19度　樹勢：やや弱　耐病性：強

● 品種特性

　本種はポートランドより粒の大きさが1.5倍以上大きくなり、4倍体化した変異種である。円筒形中房で150〜300g。糖度が高く、極早熟である。果肉は軟らかく多汁で、果皮は厚いが、密着房は多雨で果粒が大きくなると粒と粒が押し合い、裂果することがあるので、摘粒が必要である。果皮と果肉の分離はよい。食味よく、ラブラスカ香があり、この味と香りを好む人も多い。耐病性、耐寒性は強く、栽培は容易である。東北、北海道に適し、趣味栽培にもよい。典型的な米国系なので、脱粒しやすく、日持ち短く、輸送性は弱い。

大玉キャンベル
Ohtama Campbell
生食用

　系統：米国型雑種　作出：石原助市（1915年）　交配親：キャンベルアーリーの芽条変異　倍数性：4倍体　熟期：7月下旬〜8月上旬　収量：多　果皮色：紫黒　果粒形：円　果粒重：7〜9g　肉質：塊状　糖度：15〜16度　樹勢：中の上　耐病性：強

● 品種特性

　石原早生とも呼ばれ、キャンベルアーリーの芽条変異種である。巨峰の親として知られ、巨峰系品種群はすべて本種がその源となっており、日本の品種改良に大きな貢献をしている品種である。やや花流れ性がある。品質は上、食味は濃厚だが上品ではない。糖度もさほど高くない。酸味は適度。着色容易で、極早熟である。果皮は厚く、果皮と果肉の分離はよい。肉質軟らかく、多汁。香りは強いラブラスカ香。裂果はない。脱粒性、日持ち、輸送性は弱い。豊産性で栽培容易。肥沃地を好み、乾燥地には弱い。耐寒性は強い。

第2部　欧米雑種・米国系のブドウ品種　147

レッドポート
Red Port `生食用`

　系統：米国型雑種　作出：山梨県の植原正蔵（1949年頃交配）　交配親：ポートランド×キャンベルアーリー　倍数性：2倍体　熟期：8月上旬～中旬　収量：中　果皮色：鮮紅～深紅　果粒形：偏円　果粒重：6～9g　肉質：塊状　糖度：16～17度　樹勢：中　耐病性：強

● 品種特性

　両親とも米国種からくる耐病性が強い性質と栽培容易性があり、美麗な鮮紅色に着色したので、筆者の父、正蔵は自信を得て、交配・育種に力を入れるようになったという。花流れなく、軽い摘粒で粒張りがよくなる。果粉多く、着色容易。果皮はポートランドより厚く強い。果皮と果肉の分離よく、肉質はやや軟らかく、ポートランドに似た強い芳香がある。酸味適度で、食味は濃厚。裂果は少ないが、脱粒性、輸送性は弱い。観光、趣味栽培には最適で、特に女性の消費者に好まれている。

大粒ナイアガラ
Ohtsubu Niagara `生食用`

　系統：米国型雑種　作出：不詳　交配親：ナイアガラの芽条変異種　倍数性：4倍体　熟期：8月中旬　収量：多　果皮色：黄緑～白黄　果粒形：円　果粒重：6～7g　肉質：塊状　糖度：17～19度　樹勢：中の上　耐病性：強

● 品種特性

　地域、発見者は不明だが、ナイアガラが変異して4倍体になったもので、房は円筒～円錐形で200～400gと大きくなり、果粒も1.5倍に肥大した。食味、特性はほとんどナイアガラと同じである。熟期はナイアガラよりやや早くなり、豊産。葉は裂刻が鋭く、深くなり、一見してナイアガラと異なる。裂果は少なく、栽培は容易で、耐寒性も強く、東北、北海道に適する。耐病性も強く、趣味栽培にも適する。

レッド ニアガラ
Red Niagara
生食用

系統：米国型雑種　原産：ブラジルで生まれたナイアガラの枝変わり紅色種　交配親：ナイアガラ（コンコード×キャサディー）と同じ　倍数性：2倍体　熟期：8月中旬～下旬　収量：多　果皮色：紅色　果粒形：円　果粒重：4～5g　肉質：軟らかい塊状　糖度：15～16度　樹勢：中　耐病性：強

●品種特性

着色良好でデラウェアに劣らない。その他の形状、性質はナイアガラと変わらない。成熟度が着色で判断できるのでブラジルでは人気があるという。熟期も早く、裂果は少ない。日本には1980年代に導入された。ルビーオクヤマもブラジルで紅色に変異した品種。紅アレキも南アフリカで生まれている。南半球では変異の確率が高いようで、科学的には解明されていないが、興味深い。「ニアガラ」はナイアガラの現地での発音である。

アジロンダック
Adiron Dack
醸造用

系統：米国種　原産：アメリカ東北部（ニューヨーク州の山地名との説あり）　交配親：不詳　倍数性：2倍体　熟期：8月下旬～9月中旬　収量：多　果皮色：紫黒　果粒形：円　果粒重：3～5g　肉質：塊状　糖度：18～20度　樹勢：強　耐病性：強

●品種特性

明治時代から昭和初期まで山梨県の勝沼などに多くの栽培農家があったが、米国種特有の脱粒性がひどく、ポロポロ落ちるので食用品種としては敬遠されてきた。耐病性は強く、栽培は容易である。強い米国種特有の香りがあり、ワイン用として最近人気が回復してきて、多くのワインが販売されている。木イチゴやカシスジャムのような香りがあり、フレッシュな酸味もあってこのワインを好む消費者もいる。欧州種で造られたワインを好む消費者には米国種の香りを好まない傾向もあるが、昔懐かしい香りゆえ、幻のワインとも呼ばれている。

第2部　欧米雑種・米国系のブドウ品種　149

◆コラム

ワイン専用品種の増産

ピノグリ（欧州種）の成熟果房

　ここ数年、ワイン用ブドウ苗木の需要が高まり、苗木不足が話題になっている。その原因は、日本のワインの品質が向上し、人気になってきたこと。ワイン法が制定され（2018年10月より施行）、日本ワインは国産のブドウだけで造らなければ、日本ワインと名乗れなくなったこと。海外のブドウ、および濃縮果汁を使ったものは、国内製造の国産ワインと呼ばれ、区別されることになった。本来、ワインはそれぞれの国や地域でできたブドウから造ったことを名乗るべきなのである。ところが、日本のブドウはこの30年間で半減してしまった。原料不足は深刻なのである。農家の高齢化、後継者不足、果物の輸入自由化の影響もある。

　これからのワイナリーは、地域の農家と契約栽培をするか、畑を持ってワイン用ブドウを栽培することが主流になってくる。もちろん、これも世界の常識である。ところが、必要な苗木は急には増産できない。長年不況が続き、苗木業者は半減してしまった。苗木を作るには台木がいるが、それを増やすには5〜6年かかる。苗木作りには高度な技術もいるが、熟達した業者は高齢化している。このように問題山積なのである。

　さて、2001年にフランスで私は「ワインの騎士」の称号をいただいた。世界の高級ワインを賞味できたのは日本の高度経済成長のおかげだった。そういうワインに匹敵する日本ワインを造るためには、ワイン専用品種の栽培に成功しなければならない。じつは近年、最高のブルゴーニュワインを造るピノノワールの注文がいちばん多い。広い農地を持つ北海道が温暖化で気温が上昇し、2010年頃から栽培が安定化してきているからである。

　ワインはブドウで造る農産物だから、工業製品のようなわけにはいかない。日本ワインはまだまだ黎明期だ。ワインに夢を託してワイナリーを立ち上げる経営者が全国に増えてきている。時間はかかるが、ワイン専用品種の増産こそがブドウ産業と日本ワインの発展を支えることになる。

第3部

ブドウの品種・育種とブドウ産業

棚下に連なる果房（ナイアガラ）

ブドウ属の発生と来歴

ブドウ属の発生と栽培

 ブドウの祖先が地球上に姿を現したのは、白亜紀（約1億4000万年前）の後期とされている。ただし、それは不確かで、ブドウの葉や種子の化石が見つかったのは新生代古第三紀の暁新生期〈約6500万年前〉である。ことに第三紀の後期は気候が温暖だったため、地球上にブドウ属の植物が繁茂し、ヨーロッパ、アメリカ、東アジアにも広がっていた（図1）。

 ところが、第四紀は氷河期になり、ブドウ属はほとんど絶滅し、トランスコーカシアなどごく狭い一部の地域に生き残った。約1万年前、長い氷河期が終わるとブドウ属は再び各地に広がり、繁殖し始めた。ユーラシア大陸では野生のブドウが繁茂し、人類が現れる新石器時代には生食用に供されるようになったが、これらは雌雄異株のブドウだった（B.C.8000年頃）。その中から雌雄同株のものを選んで植えるようになったのがB.C.6000年頃である。これが人類のブドウ栽培の始まりとされている。

 B.C.4000年頃になると、ブドウ栽培技術がメソポタミア南部に拡大し、B.C.3000年頃には今のエジプトのナイル川周辺に達している。現在のブドウの栽培品種の始祖が現れるようになったのは、B.C.3000年〜B.C.2000年頃になってからである。

 メソポタミアでは、すでにワイン造りが始まっていたらしい。これは大量のブドウの種の化石やワインを溜めたプールのよう

図1　ブドウ原産地と伝播経路、現在の主要栽培地

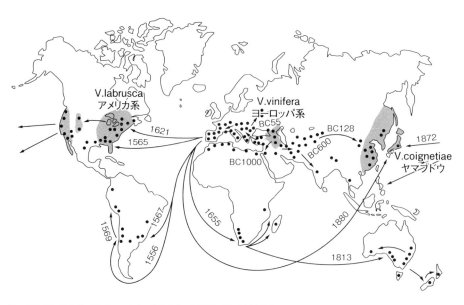

注：『ワイン博士のブドウ・ワイン学入門』山川祥秀著（創森社）
　　（原出典 ASEV JAPAN REPORTより　千葉大園芸　松井弘之）

な跡が見つかっているからである。エジプトの王家の墓の壁画が示すように、ブドウ栽培やワイン造りは技術が向上して、ギリシャ、ローマに伝えられ、現代のワインに近い、洗練されたワインが造られるようになってきた。ギリシャ時代には、多種多様なブドウ品種が現れ、用途別に分類されて使い分けられるようになった資料が見つかっている（『ワインの歴史』山本博著、河出書房新社）。

　ギリシャのブドウ栽培とワイン醸造技術はやがてローマに伝えられ、大帝国になったローマの興隆によって今日のヨーロッパ各地に広がってゆく。後述する有名なマスカットオブアレキサンドリアはエジプト原産だが、こうした時代の産物である。現在でもイタリアの主要品種であり、日本には明治時代に導入されて、岡山のガラス室栽培ブドウは日本の最高級品種である。

　ローマの軍隊はヨーロッパ各地に駐屯し、ブドウを栽培しワインを造ったから、今のフランス、スペイン、ドイツ、イギリス、東ヨーロッパ諸国など、キリスト教の普及に伴い、教会があるところにはすべてブドウとワインが運ばれた。文明が停滞したヨーロッパの中世時代にはブドウもワイン造りも衰退していたが、ルネッサンス時代に復活し、フランス革命以後になると、科学技術の研究が盛んになり、パスツールのワイン酵母の発見などがあって、ワイン醸造は近代的技術で造られるようになってくる。

日本のブドウの来歴

　ヨーロッパのブドウが東方に伝えられたのは、かの有名なマルコ・ポーロが歩んだユーラシア大陸中央部を通って中国に続くシルクロードの長い道沿いだった。キリスト教がもたらしたワイン文化はヨーロッパには広がったが、禁酒を旨とするイスラム教は東方にワイン文化を伝えなかった。

　生食用と乾しブドウ（レーズン）用の種

連綿と受け継がれる甲州

ヤマブドウの交配種（岩手県葛巻町）

なしブドウがイスラム教世界のブドウであり、小粒なワイン用ブドウではなく、より大粒な生食用ブドウが長い年月をかけてシルクロードを渡り、東方に伝えられたのである。

　遣唐使、遣隋使の時代に中国から日本に仏教が伝えられた。その頃に中国から日本の僧侶がブドウの種を持ち帰って生まれた品種だと推定されるのが、約1000年前、甲府の勝沼（現・甲州市）の山中で見つけ出された甲州種である。

　驚いたことに、DNA鑑定で、甲州種は小アジア（トルコ）の古代欧州種の遺伝子（カスピーカ系欧州種）が約75％、中国の野生種（棘ブドウと呼ばれているヴィティス・ダビデ）の遺伝子が約25％含まれていることが最近わかったのである。

　それ以前の日本には、原始の時代から野生のヤマブドウは繁茂していた。現在、東アジア系の野生種は40種確認されており、

第3部　ブドウの品種・育種とブドウ産業　153

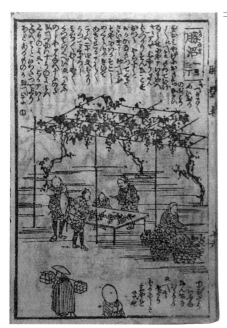

かつて勝沼宿（山梨県甲州市）のある街道でブドウを収穫、販売（『身延参詣甲州道中膝栗毛』より）

日本にはそのような野生種が13種、山中に自生しているという（『日本ブドウ学』中川昌一監修、養賢堂）。そのうち、代表的なものがヤマブドウ（学名コワニティー）、「行者の水」とも呼ばれるサンカクズル（学名フレクスオーサ）、北海道に分布するチョウセンヤマブドウ（学名アムレンシス）の3種で縄文時代は食用にもされていたらしい形跡はある。

近年、これらの野生種を使ったワインを造るワイナリーがあり、野生種と欧州系のワイン用品種を交配した品種が育種されているが、それまでは野生種の利用はなかった。つまり、甲州種を除くと、明治時代になるまでブドウもワインも日本にはなかったのである。

明治時代のブドウ導入

明治に入ると政府は国策としてワイン生産とそのためのブドウ栽培を奨励し、外国産のブドウ苗木を多種導入することになった。東京では内藤新宿（後の新宿御苑）に

アジロンダック（米国種）

試験所を設け、輸入苗木は全国22府県に配布された。

明治19年には栽植総数、約67万本で、多い県は愛知33万本、山梨7万本、東京5万本、岡山4万本、広島3万本、青森2万本（官設のブドウ園を除く）という報告書がある。品種はヨーロッパ、アメリカ種を合わせ、100種に近い品種数であった。

これらとは別に、北海道開拓使は風土に適すると思われるものを北海道に運び、明治6年から24年にかけて、リンゴ、ナシを含む67万本が移植栽培されたという。その当時、札幌から小樽に向かう列車の両側は一面のブドウ畑だったという。それが後にほとんど姿を消してしまうことになる。

輸入されたブドウ品種は欧州種が多く、これらは多雨の日本ではべと病などの菌類の病気に冒されやすく、根はフィロキセラが寄生していたので栽培技術の未熟な日本では生き残れなかったのである。山梨などでは雨に強い米国種がかろうじて生き残り、その後に導入されたデラウェア、キャンベルアーリー、ナイアガラ、アジロンダック、コンコードなどが今でも栽培し続けられている。

明治時代のブドウの導入は挫折してしまったが、その後、第二次世界大戦の敗戦から立ち直った日本に、新しいブドウ栽培の発展が始まることになる。

ブドウの分類・種類と品種

アジア原種と北米原生種

ブドウ属（*Vitis* L.）は北半球の温帯と亜熱帯地域に分布し、40～50種ある。そのうち、栽培品種に関係あるものは10種余りである。

アジア西部原種

これらを区域別にみると、アジア西部原種（*Vitis vinifera* L.）は欧州種と呼ばれ、世界のブドウの98％程度を占める。つまり、ブドウはヨーロッパブドウが圧倒的に多いのである。しかもそのうち生食用はごくわずかで、トルコにサルターナ種など種なし品種でレーズン用がある以外は、ほとんどはワイン用品種なのである。この項の最後に欧州種の分類を述べる。

アジア東部原種

アジア東部原種は5種あり、アムレンシスは和名をマンシュウヤマブドウといい、中国北部、朝鮮北部、北海道などに分布している。この名前はロシアと中国の国境にある黒竜江（アムール川）周辺に原生しているから、アムールの名前をとってアムレンシスと呼ぶのである。耐寒性が強いから北海道の十勝ワインはワイン用品種の親に本種を使っている。

コワニティーは和名をヤマブドウといい、樺太、日本の本州に自生し、これとカベルネソービニヨンを交配したのがヤマソービニオン（山梨大学）である。

フレクスオーサは和名をサンカクズルといい、日本、朝鮮、中国に分布する。この食用価値は低い。

ツンベルギーは和名をエビヅル、または、エビガツラと呼び、日本、朝鮮、中国、台湾に分布している。やはり、食用価値は乏しい。

ダビディは中国名を棘葡萄と呼び、中国の江西省、雲南省に分布する。食用とワイ

パキスタンのヤマブドウ（実生で選抜・育成）

ン用にする。他の種よりやや大粒の黒色で、観賞価値もある。この品種が甲州種の遺伝子解析で約25％の遺伝子が甲州に含まれていて、日本に渡り、東洋系欧州種と呼ばれて日本の気候下で栽培が可能な唯一の品種になったのである。

北米原生種

北米原生種は11種あるが、そのうちV.ラブラスカが米国種と呼ばれるもので、それ以外は台木の項で述べる原生種が3～4種あり、あとは一括してV.ラブラスカーナと呼ばれている。

ラブラスカは北米東部の中部以北に分布し、生食、醸造、ジュース用として使われている。狐臭（こしゅう）が強く、通常は紫黒色である。コンコード、チャンピオン、イートンなどがある。

ラブラスカーナは欧州種とラブラスカと他の原生種の雑種で、品種はデラウェア、キャンベルアーリー、ナイアガラ、クルト

フロリダのヤマブドウ（選抜・育成）

リースリング（欧州種）

ン、グリーンマウンテンなどがある。

エスティヴァリスは北米の東南部に分布し、生食、醸造に使われる。純系はないが、品種はノートン、シティアナ、イブなどがある。

リンセコミーは米国テキサス州の極乾燥地に分布し、生食、醸造に使われる。品種はベーコン、ベーレイ、カールマンなどがある。

ロッタンディフォリアは北米東南部の高温地帯に分布し、生食、醸造に使われる。品種はスクペノング、トーマス、テンダーパルプなどがある。

マンソニアーナはフロリダ、テキサスなどの南部高温地帯に分布し、生食、醸造に使われ、果粒は小さいが臭気なく、匍匐性である。日本で栽培できるかと思い、私は若かった頃導入してみたが、普及性はなく、あきらめた系統である。（以上のほとんどは菊池秋雄博士の『果樹園芸学』による）

ネグルール博士による欧州種の分類

1946年に発表された「欧州種の分類」図をもとに、野生種から栽培種に進化してきた欧州系ブドウの歴史をたどってみたい（図2）。

欧州種は大きく、西洋系のオキシデンタリス（有毛系）と東洋系のオリエンタリス（滑葉系）に分けられる。

西洋系はシルベストリスティピカという野生種がグルジアに分布し、正常形野生種だった。それが栽培種になり、生食用、醸造用品種になってポンティカ種と呼ばれ、グルジア、小アジア、バルカン半島に分布した。さらに進化して西部ヨーロッパに広がり、主にワイン用のオキシデンタリス種（西洋変種）になった。

一方、東洋系のオリエンタリスはシルベストリスアベランスという異形野生種がカスピ海沿岸南部に分布して、栽培種に進化してカスピーカ種になり、生食用、ワイン用としてカスピ海沿岸に分布した。さらに進化して生食用の大粒品種になり、アンタシアティーカ種となり、シリア、メソポタミア、イラン、中央アジアに広がった。

なお、オキシデンタリス種とアンタシアティーカ種などが交雑した品種を中間種（インターメディア）と呼ぶ。

日本での欧州種栽培

これらのうち、日本で栽培されている品種を列挙してみよう。

ポンティカ系　グロコールマン、ブラックハンブルグ、ネヘレスコール、アルフォ

図2 欧州種の分類

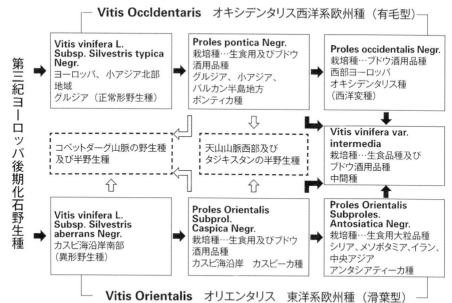

注：①出所『日本のブドウハンドブック』植原宣紘・山本博著（イカロス出版）
②英字名などの表記は原図のまま

ピッテロビアンコ（欧州種）

ンスラバレー、マドレイヌサロモン
　オキシデンタリス系　セミヨン族、ソーヴィニヨン族、カベルネ族、ピノ族、リースリング族、ガメ族
　カスピーカ系　シャスラードレー、シャスラーローズ、甲州、甲州三尺、竜眼
　アンタシアティーカ系　マスカットオブアレキサンドリア、ザバルカンスキー、フレームトーケー、ピッテロビアンコ、ロザキ、フサイネ（ニューナイ）、白鶏心（パイチーシン）、バラディー、リザマート
　中間種　マスカットハンブルグ、ネオマスカット、芙蓉、ゴールデンクイーン、紅三尺、イタリア、甲斐路、赤嶺、レッドネヘレスコール

主要ブドウ品種の推移と系統図

　日本の主要ブドウ品種は、栽培面積100ha以上の15品種（2015年調査）の合計で全体の90％余りを占める**(表1)**。さらに、20位までの5品種を加えると90％台半ばを超える。そこで、これらの20品種を主要品種と見なして、その推移を述べてみたい。

巨峰群品種の登場

　首位の巨峰（1945年発表）は4倍体欧米雑種で日本原産である。種あり栽培もあるが、今ではジベレリン処理による種なし化が普及して、より食べやすくなり、「ブドウの王様」と呼ばれ、国民的品種として親しまれている。

　この巨峰などを親として4倍体品種どうしを交配した品種が次々に誕生している。これらを巨峰群品種と呼んでいる。3位のピオーネ（1973年登録）を始め、10位の藤稔（1985年登録）、20位の高尾（1975年登録）、18位の安芸クイーン（1993年登録）など5品種が20位までの中にランクされている。

　これらの五つの巨峰系品種群の面積の合計はブドウ全体の約53％を占めており、さらにナガノパープル、オーロラブラック、高墨、紅伊豆、ブラックオリンピア、サニールージュ、紫玉、オリンピア、翠峰、ゴルビー、竜宝、ハニービーナス、ブラックビート、サンヴェルデ、クイーンニーナなどの紫黒、鮮紅、赤紫、黄緑色の有望な巨大粒品種が数多く作出されている。

　主要品種の面積の50％以上を占めるこれら4倍体欧米雑種は、巨峰を皮切りに約70年かけて日本で交配作出された品種群である。また、巨峰、ピオーネ、藤稔などの上位の普及品種は民間の育種家が交配・育成した品種である。

　ブドウを始め、果物の多くは2倍体品種の栽培が世界の常識であり、4倍体品種は遺伝子的には不安定で、開花時の花流れ、結実不良、枝の充実不良などがあり、栽培は困難であることが多い。日本の品種を栽培する中国、韓国などは例外であるが、世界のブドウ生産国では例外なく2倍体品種を栽培していて、日本のような国は少ない。日本はわざわざ栽培の難しい不安定な品種を主要品種にしてしまう特殊な、珍しい国なのであり、だから栽培農家の苦労は絶えない。

　幸いなことに植物生長調節剤のジベレリン、フルメットなどが発見され、花流れを防止し、種なし化が可能になり、4倍体品種の栽培はかなり安定してきた。巨峰系品種群のほとんどは種なしになり、消費者の人気を得て、ブドウの上位を種なし品種群が占めている。

巨峰系品種の推移

　これからの巨峰系品種の推移は、どうなるだろうか。

　長野県のオリジナル品種、ナガノパープル（2004年登録）は皮ごと食べられる新しいタイプの巨峰群品種である。巨峰×リザマートの交配で、リザマートが2倍体だから、ナガノパープルは3倍体品種である。長野県の独占栽培品種だったが、2018年4月から他県にも開放している。この品種が普及し始めると、これからの巨峰系品種群は皮ごと食べられる品種に人気が出てくる可能性が高い。

　欧州種の中にはリザマートだけではなく、カッタクルガン、バラディーなど、皮の薄い、皮ごと食べられる品種がいろいろある。また、人気のシャインマスカットやその子孫も皮ごと食べられる。巨峰系品種群にこのような品種を片親に選び、かけ合わせれば、皮ごと食べられる大粒のナガノパープルに似た品種群が生まれてくる。だから、次世代の主要品種は、種なしで皮ご

表1　生食用ブドウ主要50品種栽培面積（2015年）

順位	品種名	栽培面積 ha	順位	品種名	栽培面積 ha
1	巨峰	4437.3	26	サニールージュ	33.3
2	デラウェア	2357.0	27	ネオマスカット	27.5
3	ピオーネ	2321.9	28	ブラックオリンピア	26.4
4	シャインマスカット	992.3	29	ゴルビー	26.3
5	キャンベルアーリー	542.8	30	ヒムロッド	25.6
6	ナイアガラ	476.6	31	翠峰	23.0
7	マスカットベーリーA	419.7	32	キングデラ	22.3
8	甲州	408.0	33	紫玉	20.1
9	スチューベン	327.4	34	あずましずく	18.0
10	藤稔	226.1	35	ルビーロマン	17.2
11	赤嶺	195.8	36	ブラックビート	16.5
12	ナガノパープル	122.9	37	紫苑	13.0
13	ロザリオビアンコ	108.3	38	グロコールマン	12.9
14	ポートランド	106.8	39	旅路	11.9
15	コンコード	89.3		ノースレッド	11.9
16	オーロラブラック	83.0	41	ハニービーナス	10.7
17	早生デラウェア	81.5	42	竜宝	10.4
18	安芸クイーン	72.7	43	伊豆錦	9.3
19	瀬戸ジャイアンツ	69.4	44	黄華	8.1
20	高尾	68.6	45	クイーンニーナ	7.8
21	マスカットオブアレキサンドリア	60.1	46	シナノスマイル	7.7
22	甲斐路	47.9	47	オリンピア	7.6
23	バッファロー	47.4	48	高妻	5.8
24	高墨	40.1	49	ルビーオクヤマ	5.2
25	紅伊豆	39.4	50	紅瑞宝	4.7

注：①全栽培面積は2012年1万5213ha、2014年1万4912ha、2015年1万4160ha
　　②「平成27年産特産果樹生産動態等調査」（農水省）をもとに作成

と食べられる巨大粒の巨峰系品種群に替わっていくことになるだろう。

　次の20〜30年間は、皮ごと食べられる味の優れた巨大粒品種の登場を待っていればいい。注意点は皮が薄くても裂果しない品種を選ぶことである。親選びのやり方はわかっているから、あとは国か、各県か、民間の育種家有志の実行あるのみで、必ず実現するだろう。

米国系の品種群

　次のグループは明治時代以降に導入さ

れ、日本に定着した米国系の品種群である。2位のデラウェア、5位のキャンベルアーリー、6位のナイアガラ、9位のスチューベン、14位のポートランド、15位のコンコードなどがある。これらの品種の合計面積は約30％である。

　デラウェアの人気は長く続いている。山梨県のブドウ栽培の権威だった土屋長男は「デラウェアは国民的品種だ」と栽培技術講習会で述べたのを覚えている。

　ジベレリン処理による種なし化の先駆けはこのデラウェアである。スリップスキン

第3部　ブドウの品種・育種とブドウ産業　159

で食べやすく、最早熟で露地栽培でも７月に収穫・出荷できる。米国系の性質を持ち、病気に強い。2010年は約3000haだったが、だんだん減っている。シャインマスカットが作りやすく、高価格だからこれに替えているのだろう。キャンベルアーリーは巨峰、ピオーネの先祖である。大粒化して種なしの巨峰群品種になると、キャンベルもだんだん減少してゆく。

ナイアガラ、スチューベン、ポートランド、コンコードなども耐病性、耐寒性は抜群に強く、省力栽培ができるから地方的品種として残ってはいるが、増殖される傾向はなく、だんだん減少してゆく品種群である。これらの品種はフォクシー香が強く、ワイン用、グレープジュース用に使われることもある。コンコードは長野県に多い。

一方、スチューベンは青森県に多く、冬まで貯蔵して生食用として出荷される。独特の甘さがあり、人気がある。また、このスチューベンはシャインマスカットの母親方の祖母にあたる。シャインマスカットの作りやすさに貢献している品種である。

ワイン用の兼用種

７位のマスカットベーリーＡと８位の甲州は生食醸造兼用種である。ニューベーリーＡは生食用としてジベレリン処理した種なしのマスカットベーリーＡの呼び名であり、品種的には同一品種である。これらを合わせると栽培面積はナイアガラより上位になる。ブドウの父と呼ばれる川上善兵衛が作出したマスカットベーリーＡは日本の赤ワインの原料として１位の品種である。耐病性が強く、栽培容易で豊産だから、日本の赤ワインの代表的品種としてこれからも栽培し続けられるだろう。

ただし、本格的な赤ワインはやはり、カベルネソービニヨン、メルロー、ピノノワールなどの欧州系ワイン専用種であり、チリ産のカベルネなどは濃い赤ワインで品質が高い上に、廉価だから人気があり、日本に

は最も多く輸入されている。米国系の香りと味わいを持つマスカットベーリーＡのワインは国際競争力という点では問題があり、将来は、日本でも耐病性があって大規模栽培ができ、しかも欧州系ワイン専用種に負けない酒質の赤ワイン用品種の作出が望まれる。山梨県果樹試験場などでは、長年、こうした目的でワイン用新品種の育成に取り組んでいる。その成果に期待したい。

甲州は日本の白ワインの原料として１位の品種である。約25％の遺伝子は中国の棘ブドウと呼ばれる野生種が親になっていることがわかっている。残りの約75％はカスピ海沿岸の野生ブドウであるカスピーカ種であって、欧州種の先祖である。

甲州種のワインにはフランス原産のソービニヨンブランという有名な白ワイン用品種と同じ香気成分の前駆体が発見されて、甲州ワインの品質を高める醸造法が開発され、和食に合うワインとして国際的評価も高まり、欧州を始め、世界各地に輸出されるまでになってきている。1000年の栽培歴史がある日本のオリジナル品種がワインとして日の目を見たのである。

栽培の容易さも、日本の気象条件に合った性質も、中国の野生種の強さからくるものであろう。将来はこの甲州に、欧州系の白ワイン用品種であるソービニヨンブラン、シャルドネなどを交配して、品質を高めながら、栽培容易な日本の気候に合うワイン用品種を育成していく方向も検討したらどうか。ワイン用品種は生食用に比べると、栽培、醸造、熟成期間など育種には長い年月を要する。資金面を考えてもこれは公的機関に頼る仕事であろう。

欧州種の傾向

赤嶺は11位、ロザリオビアンコは13位、マスカットオブアレキサンドリアは21位、ネオマスカットは27位で、これらは欧州種である。雨の多い日本では、欧米雑種が50％、米国系品種群が30％、その他が20％

シャインマスカット（欧米雑種）

あり、欧州種は瀬戸ジャイアンツ、甲斐路、グロコールマンなどを加えても、全体の約５％に過ぎない。欧州種は栽培が難しい。これは厳しい現実なのである。ブドウ全体の５％しか作られていないのは、日本の気候が純欧州種には適していないことを示している。

そのうち、ネオマスカットは、親の甲州三尺に中国の野生種である棘ブドウが含まれているから、厳密にいうと純欧州種ではなく、その子供の赤嶺、甲斐路、瀬戸ジャイアンツもネオマスカットの子供だからこれらも純欧州種ではない。順位が上昇中の人気品種、シャインマスカットの外観は欧州種に見えるが、母親にはスチューベンが入っているから米国系からくる栽培の容易さがある。それに父親に甲斐路が入っているから、その親のネオマスカットは甲州三尺で、棘ブドウが入っているのである。割合はともかく、シャインマスカットは米国系×欧州系×中国系野生から誕生した複雑な品種なのである。

シャインマスカットを親にした新品種が現在、次々に発表されている。今までのブドウの専門書では、品種を米国種、欧州種、欧米雑種の３分類に分けて説明するだけでよかったが、今後の分類法はより複雑になるであろう。

同時に、降雨の少ない乾燥地だけではなく、日本と似た降雨の多い地域でも容易に栽培できる高級品種が生まれてくるから、ブドウ産業の地域分布は広がり、ますます多様化するのではないだろうか。

東西の野生種の形質を少し含んだ、見た目には高級欧州種という、複雑な家系図の品種が将来の日本の主要品種になってくる可能性が高い。

日本の主要品種系統図

2009年に筆者が作成した日本の主要品種の系統図（**図３**）を説明したい。148品種の系統図である。品種の後部のカッコ内のＶはヴィニフェラで、欧州種を表す。Ｌはラブラスカで、米国種を表す。Ｈはハイブリッドで、欧米雑種系である。４Ｘは４倍体品種を表す。大まかに図を４分割すると、左上に米国系品種群を集めた。左下に欧州系品種群を集めた。右上に巨峰品種群を集めた。右下に欧米雑種系品種群を集めた。

中央下部にあるマスカットオブアレキサンドリアと、中央上部にある巨峰が日本の育種における２大品種であろう。矢印で親子関係を示した。複雑な系統図になってしまったが、これを参考にして、今後の育種を考えてくだされば幸いである。また、先輩育種家の努力された姿をこの図から読みとってくだされば幸いである。

マスカットオブアレキサンドリアはブドウのこくとうまみが最高で、マスカット香がすばらしく、裂果しない強靭な果皮を持っている。育種にはなくてはならない品種である。シャインマスカットには両親にこの品種が入っている。

品種数が多いから、これらをマスカット系品種群と命名して分類することもできる。ピオーネ、シャインマスカット、マスカットベーリーＡ、赤嶺、ロザリオビアンコ、藤稔、ネオマスカット、瀬戸ジャイアンツ、甲斐路、サニールージュ、ゴルビー、ルビーロマンなど、人気のある主要品種の多くの親になっているのである。

図3 日本のブドウ主要品種

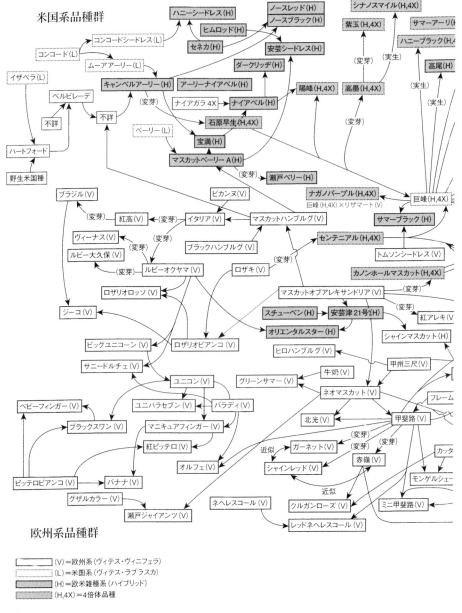

系統図（148品種）

◆2009年、植原葡萄研究所による

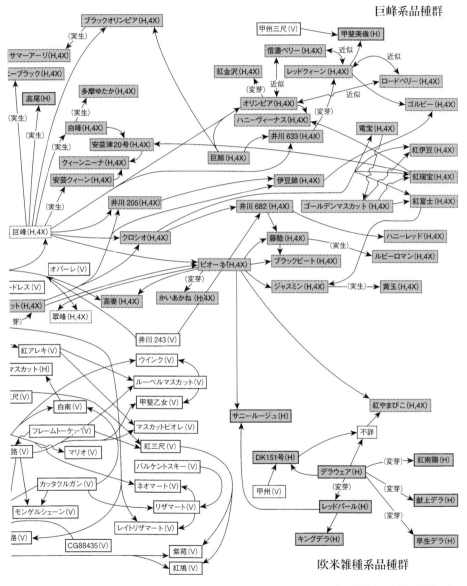

注：品種名の表記は原図のまま

ブドウの育種と新品種をめぐって

育種の歩み・取り組み

ブドウの品種は非常に数が多いことが知られている。もともと世界には数多くの野生ブドウが分布していた。人々がそれらの中から生食に適するもの、ワインを造るのに適するものを見つけて栽培し始めると、優れた品種を増やそうと世代を超えてその地域限定の品種が生まれてくる。ある地域に限定されていた品種は人々の移動に伴って拡散していく。

ローマ時代には欧州全体にローマ文化が広がり、キリスト教文化がワインを必要としたことも大きな力になり、教会のある街や村には必ずブドウ畑とワインがあるというように、長い年月をかけて次第に拡散し、ヨーロッパ全土に広がっていった。

そのヨーロッパ人がやがて海洋国家を形成し、海を渡って新大陸に進出すると、そこにもワイン文化が持ち込まれ、欧州系のブドウ品種が新大陸に運ばれ、栽培されることになる。

アメリカ大陸にあった野生ブドウとの交雑も始まり、ブドウ品種の多様性が生まれてくる。やがて20世紀になると、人為的に親を選び交配によって新品種を作る技術が生まれ、一気に品種数が増え始める。ブドウ品種は世界に数万品種もあるだろうとされているのは、こういった歴史的な事情によるのである。

今回、約200品種余りのブドウを選び、その解説を執筆しながら、それぞれの品種の起源、作出者の思いを改めて確認することができた。

たとえば、西欧のワイン専用種については原産地がわかっても、記録がなく、来歴は不詳という品種が圧倒的に多かった。生食用についても古い品種ほど、来歴がわからず、推定するしかない品種が多い。

その一方、過去100年程度をさかのぼれば、それ以後の新品種については、作出者、交配親、交配年など、来歴がわかっているものが多くなる。

新品種の開発は始まったばかり

つまり、人々が意識して新しい品種を作出しようと思い至ったのは、ごく最近のことなのである。それ以前に思いをはせると、偶然見つけたいいブドウを選抜してきた歴史のほうがはるかに長いという事実がある。このことは何を物語っているかというと、現在のブドウの育種と新品種の開発は、まだ始まったばかりの黎明期にある、ということになる。

と同時に、今ある新品種は、これからの長い歴史のふるいにかけられて、生き延びることができるかどうかという、厳しい審判が待っていることも事実なのである。ブドウの種類は1万種以上などという記載を目にするが、そのようにたくさんの品種の全部が有用だとは思えない。重要な品種はおそらく数百〜1000種程度であり、その他のほとんどは淘汰される運命にあるといっていいだろう。

若い頃、翻訳したカリフォルニア大学の『ブドウ栽培総論』の中で、ウインクラー博士は「始まったばかりのブドウ産地ではいろいろな品種を導入して栽培を試みるが、歴史を経て成熟した産地のブドウ品種は限られた数種にしぼられる」という意味のことを書いていた。

フランスのワインの銘酒で有名なボルドー地域のワイン用品種はカベルネソービニヨン（赤）とメルロー（赤）が圧倒的に多く、一方、ブルゴーニュ地域ではピノノワール（赤）とシャルドネ（白）が圧倒的に多い。それぞれ、今から他のもっといい品種を模索しようなどという動きはまった

くない。欧州は品種に関しては保守的なのである。

日本のブドウ栽培と育種

圧倒的にブドウ栽培の歴史が長い欧州にたいして、日本のブドウは明治から栽培が始まったといってもいいのだから、まだ150年しか経っていない新興産地である。日本の工業技術はめざましく発展したが、ブドウは永年作物であって、生育に時間がかかる。あっという間に追いつけ、追い越せというわけにはいかない。

植物は気候、土壌など自然条件によって制約される生き物である。特に欧州ブドウは雨の少ない岩場のやせ地、乾燥地がその故郷だから、梅雨、台風の多い湿潤な気候の日本では細菌性の病気が発生しやすく、栽培は困難をきわめた。

悪戦苦闘する中で、欧州種ブドウの品質、食味に魅了された岡山県人がガラス室での栽培に成功した。それが欧州ブドウの代表的品種、マスカットオブアレキサンドリアである。ガラス室の中は欧州の気候に近かったわけである。

その後、より簡単なビニールハウスが普及し、栽培の難しい欧州種が、日本全国のどこでも、施設さえ作れば栽培できることになってきたのである。

しかし設備と多大な労力を投入しなければならないからコスト高になり、一方では、安価なブドウやワインが世界中から輸入されるグローバル時代である。自由貿易がより進むと、国際競争力という点で、コスト高の日本のブドウやワインは競争力が弱くなる。

さて、初期に導入されたブドウ品種の中に、多雨地、寒冷地でも栽培可能なアメリカ系品種が含まれていて、これらは露地栽培が可能だった。デラウェア、キャンベルアーリー、ナイアガラ、ポートランド、コンコードなどが戦前の日本に定着して、かなりの面積に広がり、ブドウが珍しかった

マスカットベーリーA（欧米雑種）

だけに人気があった。

そのうちに日本人の創意工夫、本領発揮が始まる。つまり、これらの雨には強いが小粒で粒が落ちやすい米国系と、大粒で高級品質だが雨に弱い欧州種を交配して、日本の気候下で栽培できる欧米雑種が誕生するのである。

二人の「ブドウ栽培の父」

新潟県の川上善兵衛（かわかみぜんべえ 1968～1944）はマスカットベーリーA、静岡県の大井上康（おおいのうえ やすし 1892～1952）は巨峰を作出した。この二人の育種家は日本のブドウ栽培の父と呼ばれている。

巨峰は4倍体品種で巨大粒だが、栽培は花流れしやすく、雨には耐えたが、安定的栽培は大変難しかった。栽培技術でこれをどうにか乗り越えたのだが、これには多くの人々の試行錯誤やなみなみならぬ努力があった。

その過程の中、もう一人の篤農的育種家、静岡県の井川秀雄が現れた。巨峰に他のさ

図4 「権利者の許可が必要」のルール案内

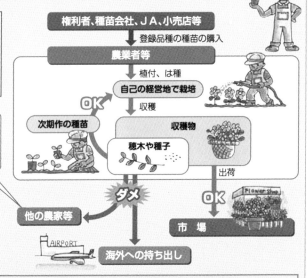

注：農水省ホームページより

まざまな4倍体品種を果敢に交配して、数多くの巨峰群品種を発表して一種の旋風を巻き起こした。井川系品種の最高傑作は、なんといってもピオーネである。

日本の主要品種は、2015年の調べでは栽培面積の1位は巨峰、2位はデラウェア、3位はピオーネである。4位の国が作出したシャインマスカットが現在（2018年）、猛烈な勢いで増えている。久々に、画期的な品種が出現したのである。

品種登録と育成者権

種苗法が制定され、品種登録された品種の保護、育成者権などが決められている。ブドウの場合でいうと、存続期間は当初18年間であったが、数次の改正があり、2005年（平成17年）以降の登録品種は30年間保護される。

種苗業者のカタログには、品種登録存続中の品種の場合、ＰＶＰ：Plant Variety Protection（植物品種保護）という登録品

注：農水省ホームページより

台木畑（植原葡萄研究所）

種表示マークが記載されている。

　登録品種苗の生産販売は、登録権利者の許諾が必要であり、許諾なしの登録品種苗の販売はできない。罰則は厳しい。また、販売のさいは、許諾証の添付が義務づけられている。

　現在のところ、ブドウの登録品種を購入して栽培する場合、自家増殖は認められている。ただし、その苗を他の栽培者に譲渡することは、禁止されている。また、海外に持ち出すことも禁止されている。ただし、果実の生産販売、輸出などの制限はない。

　韓国の冬季オリンピックで日本のイチゴとそっくりのおいしいイチゴが話題にもなり、問題になった。韓国のイチゴは、ほとんどが日本のイチゴ品種を親にした交配品種なのである。種苗法では登録品種を親にして交配することは原則として禁止されていない。

　ブドウでは、中国、韓国などが新登録品種のシャインマスカットを大々的に栽培し始めており問題になっている。これを防ぐためには、ＵＰＯＶ（国際種苗法）に加盟している中国などに申請して品種登録し、独占権を取得しておけばいいのだが、すでに規定されている5年が経過しているから、今回はあとの祭りなのだそうである。海外持ち出しは禁止なのだが、誰でも日本国内で購入できるので、それを譲り受けた他者が海外に持ち出せば流出は防げない。他国での栽培の差し止めは、経費的に民間人では難しく、国の援助、保護政策が必要である。ただし、登録品種の日本への逆輸出は、日本の農業を守るため、それらの輸入を阻止する制度ができている。

　種苗法に関しては「農水省品種登録ホームページ」（**図4**）などで検索でき、または「果樹における種苗法ハンドブック」（一般社団法人日本果樹種苗協会 発行）が詳しい。

主要品種と生食・醸造用の構成比

ブドウ品種別栽培面積の推移

　近年のブドウ品種別栽培面積がどのように推移しているかについて、1980年（昭和55年）と2014年（平成26年）の農水省調査を図5で示した。ベスト10に踏みとどまっている品種、残れなかった品種があり、また、ランキングも大きく変動しており、ブドウ品種の消長の激しさを物語っているといえよう。

　ここでは2014年の品種別栽培面積をもとに2010年の調査結果と比較しながら、ブドウ品種の栽培動向を検討してみたい。

　1位は巨峰の4611haで32％を占め、4年前より900ha減少している。2位はデラウェアの2655haで19％を占め、約350ha減少している。3位はピオーネの2343haで16.4％を占めている。

　4位はシャインマスカットで大躍進した。4年前は9位だったが、そのときの260haから今回は683haに増殖され、約5％を占める。おそらく今後も面積が増えるだろう。5位はキャンベルアーリーの555haで約100ha減少している。6位はナイアガラの483haで微減。7位はマスカットベーリーAの366haで約10％減である。

　8位はスチューベンの331haでこれも約10％減。9位は藤稔の253haで、10％以上増加して順位を上げている。10位は甲州の231haで4年前は8位で320haだったから90haも減ってしまった。これでは白ワイン原料が不足するはずで、不思議な現象である。また、その他が合計1754haあり、全体の12％を占める。

　2015年の総面積は1万4160haで、4年前より1336ha減少している。ということは年間約330haの減少である。10年後（2025年）には、同じ率で減少すると、総面積が約1万1000ha程度になり、ピークだった昭和末期のブドウ総面積の3分の1程度に減少し

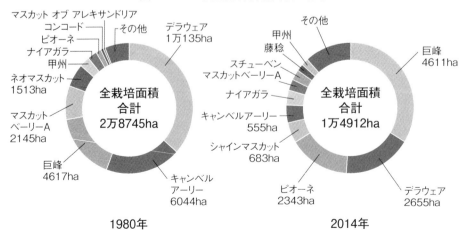

図5　ブドウ品種別栽培面積の推移

注：①「昭和55年度果樹栽培状況調査」、「平成26年産特産果樹生産動態等調査」（農水省生産局園芸作物課）による
　　②出所「果実日本」2017年6月号（東暁史）

ナイアガラ（米国型雑種）

コンコード（米国種）

てしまうことになる。高齢化、後継者不足、少子化と、日本の人口減少はどうにも止まらないが、ブドウの減少のスピードは速過ぎて、人口減少だけでは説明がつかない。

醸造用ブドウのの傾向

醸造用ブドウの状況はというと、2016年（平成28年）に行った国税庁課税部の調査で、「国内製造ワインの概況」として公表されている。

国産生ブドウの品種別受入数量（**図6**）でみると、1位が甲州で3574t、16.1％を占める。2位がマスカットベーリーAで3152t、14.2％を占める。3位がナイアガラで2812t、12.7％を占める。4位がコンコードで1896t、8.6％を占める。5位がデラウェアで1473t、6.7％を占める。6位がメルローで、ようやく欧州系のワイン専用種が登場する。

メルローは1376t、6.2％を占める。7位がキャンベルアーリーで1185t、5.4％を占める。8位がワイン専用種のシャルドネで1229t、5.6％を占める。9位は巨峰で416t、1.9％を占める。10位がワイン専用種のカベルネソービニヨンで413t、1.9％を占める。1位から10位までの品種を合計すると約80％になる。このうち欧州系のワイン専用種は約12％を占めるに過ぎない。

まとめとして国税庁は下記の数値をあげている。

国内製造ワインの数量は約10万klであるが、そのうち、濃縮果汁などの輸入原料が約73％も国内製造ワインに使われており、国産の生ブドウは27％程度に過ぎない。

一方、日本人が飲むワイン総量の約70％は輸入ワインで、国内製造ワインは30％あるが、その原料は海外で生産されたブドウの濃縮果汁から造られたワインがほとんどを占め、今回、初めて日本で造られた国産ブドウのワインを「日本ワイン」と呼ぶことにしたのだが、それは日本人が消費するワイン全体の、たった3.7％を占めるに過ぎないのである。しかも、そのうちワイン専用の欧州種は、3.7％の生ブドウのうち、12％程度しか生産されていないのだから、本格的「日本ワイン」といえば、消費す

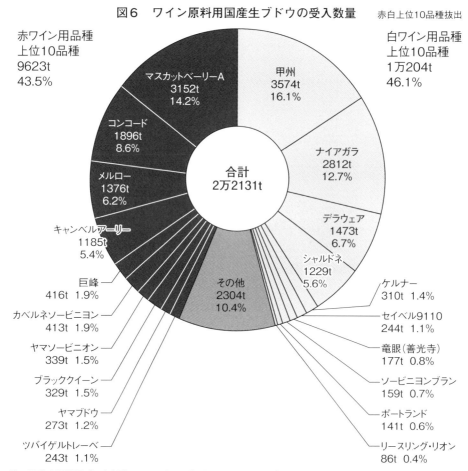

図6 ワイン原料用国産生ブドウの受入数量　赤白上位10品種抜出

注：国税庁酒税課「国内製造ワインの概況（平成28年度調査分）」をもとに作成

売り場では地域で造られる日本ワインが揃う（山梨県甲州市・ぶどうの丘）

すべてのワインの1％以下という貴重なものなのである。つまり、わかりやすくいえば、日本人が100本飲むワインの1本の半分程度が国産のメルローか、シャルドネか、カベルネソービニヨンのワインだということになる。どう見ても、日本のワイン産業は、よちよち歩きの始まったばかりの揺籃期産業だといわざるをえない。

各地にワイナリーの出現

ところが、この1％以下に過ぎない、吹

シャルドネ（欧州種）

甲州の収穫果

ワイナリーでは増産態勢に入っている

けば飛ぶような少量のワイン用ブドウで醸造されたワインを国際コンクールに出品すると、世界的に評価される金賞を受賞してしまうのが、日本の不思議なところなのである。もの造りにかけては、日本人の感性と執念はすごいものがある。本質を見定め、海外の優れた技術を取り入れ、それ以上のものを創造する貪欲な追求心、向上心がある。

玉石混淆のワインが、2016年3月末現在のワイナリー、総計280社で製造されている。そのうち、大きい企業はごくわずかで、全体の96.8％は販売数量のごく少ない中小のワイナリーである。つまり、一個人とか、ごく少数の従業員がブドウ畑を持ち、あるいは契約栽培をしてワイン造りをする、個人商店のようなワイナリーがトレンドになってきているわけである。この中小のワイナリーのどこかが、手塩にかけて造ったワインを出品し、世界的に評価される、というのが、最近の状況なのである。

近代社会になって、大量生産、大量消費が世界を席巻してきたが、それだけでは満足せず、きめの細かいもの造りをして、個性的なワインに挑戦しようとしている。フランスやイタリアの伝統的なワイン文化に対抗して、日本でも田舎暮らしを満喫しながらブドウを栽培し、自らワインを造ろうと目指すワイナリーが毎年全国各地に数十社立ち上がっている。明治政府の試みから約150年後の今、借り物ではない、本物のワイン文化の時代を歩み始めたのかもしれない。

生食用ブドウ、ワイン用ブドウのどちらも、今までの品種を超えて、よりよい品質を求め、たとえわずかでも一歩一歩前進しつつ、消費者に愛される良質のブドウを作り、良質のワインを醸造するという、不断のたゆまぬ努力が日本の未来を拓く道だと思う。

台木の重要性と台木品種の特徴

台木の重要性

 ブドウは挿し木をすれば容易に発根活着し、自根苗ができる。だから、枝さえあればいくらでも増やせるのである。ブドウ栽培の歴史が始まった紀元前の数千年前から19世紀に至るまで、ヨーロッパを中心に、ブドウ栽培は挿し木による自根栽培が続いていた。

 ところが、1860年代にフィロキセラ（ブドウネアブラムシ）が北米の新大陸からたまたまヨーロッパに運ばれた。ヨーロッパ系のブドウはすべてこの害虫に抵抗力がなかったため、また、この害虫は欧州には天敵がまったく存在せず、たちまちヨーロッパ全土に広がり、広大なブドウ畑が枯れ始め、ブドウ樹は全滅の危機にさらされたのである。

 この危機を救ったのが台木である。1880年代に北米の野生種を探索調査の結果、数種の野生種がフィロキセラにたいして抵抗性を持つことが判明した。これらの野生種を交配して改良し、台木品種が生まれ、これらを接ぎ木して、地下部の根の部分（台木）はフィロキセラを防ぎ、地上部の枝・葉（穂木）は従来の欧州ブドウを結実させることで、ブドウ全滅の危機を脱することができたのである。

 1920年頃、約50年間にわたった対策が実を結び、ようやくヨーロッパのブドウはもとの栽培面積に戻ったという。そしてこの苦い経験から国際間の輸出入に関する植物防疫法が生まれたのである。

 明治時代が始まった頃は、フィロキセラがヨーロッパに運ばれて広がり始めた時期だったから、日本に導入されたヨーロッパのブドウ苗木はフィロキセラに感染した自根苗だった。残念ながら、それを知らずにこの害虫を日本に持ち込んでしまったわけである。

 日本に抵抗性のある台木が輸入されたのは明治末期から大正時代だった。それ以前は、降雨に弱いヨーロッパブドウは、枝葉や実は細菌による病害に悩み、根はフィロキセラによる衰弱というダブルパンチを浴びて、導入初期のブドウ普及の試みはほとんど挫折してしまった。

 現在は台木の研究が進み、台木に接ぎ木した苗木が普及している。ヨーロッパを救った台木は、その後全世界に普及して、土壌適応力がより広くなり、ブドウ生産能力がフィロキセラ以前より向上している。世界のブドウ栽培の安定性、生産性が高まったのは、この台木の開発と普及が大いに貢献しているのである。

台木が穂木品種に及ぼす影響

 一般に欧州系の穂木品種の根は軟らかく、フィロキセラが根を食害しやすく、ブドウは栄養を奪われて衰弱してしまうが、台木の根は硬く、フィロキセラの侵入を防ぐ抵抗性がある。その台木に接ぎ木すると、フィロキセラの抵抗性だけではなく、穂木品種にいろいろな影響を及ぼす。台木品種もさまざまあり、穂木品種との親和性があると育苗が容易になる場合もあり、困難な例もある。したがって、品種と台木の組み合わせは重要であり、長い間の経験により、いい組み合わせを見出してきている。

 台木は穂木品種の樹勢、木の拡大性、樹齢の長さ、耐寒性、耐乾性、果実の結果性、早熟性、収穫量、果粒の大きさ、着色、裂果性、日持ちなど、ブドウ生産の全面にわたり、少なからぬ影響を与える。

 台木の品種は大別すると、喬化性台木と矮化性台木、その中間の準矮化性台木に分類される。喬化性台木は土中に根が深く伸び、穂木の樹勢を旺盛にし、樹冠を拡大さ

せる。接ぎ木すると、下部の台木部分は穂木より太り、台勝ちする。結果量は多くなるが、根が深いだけに成熟は遅れ、着色、糖度などブドウの品質面では劣ることになりやすい。

一方、矮化性台木はその逆で、穂木品種の樹勢を抑え、樹冠はそれほど拡大せず、樹齢も短い。台木部分は穂木の幹より細くなり、台負けする。結果量は少なくなるが、反面、果実は早熟になり、着色もよく、品質は向上する。

準矮化性台木は、前二者の中間の性質であって、現在、日本で最も普及している台木は、この準矮化性台木である。肥沃で湿潤な日本の土壌、気候によく適し、生食用ブドウ、ワイン用ブドウもともに、ブドウの品質を向上させる程よい性質をもっている。

現在、日本の生食用のブドウ主要品種は4倍体・欧米雑種の巨峰とピオーネで、この2品種だけの栽培面積が、全体の50％を占めている。これらの巨大変異種は徒長的生育をして花流れしやすく、生産が安定しなかった。喬化性台木と矮化性台木を交配して作られた準矮化性台木は、巨峰系4倍体品種に接ぎ木するとその欠点を和らげることができる。その後も続々と巨峰系巨大粒品種が開発され、これらの品種にとっても、適した台木に接ぎ木され、結実が安定し、着色のいい、品質の高い果実が生産されている。

台木品種の特性と土壌適応性

欧州ブドウの自根樹と台木を比べると、台木のほうが野性的で根が強く、いろいろな土壌条件に適応しやすい。台木は北米大陸に自生した野生種を原種にして作出された。それらは3大原種と呼ばれている。リパリア種、ルペストリス種、ベルランディエリ種である。

リパリア種

リパリアは、リバーサイド・グレープと呼ばれている。河岸の湿潤地帯に自生している野生種である。湿地、酸性土壌に強く、穂木品種はあまり大きくならない。矮性台木で台負けしやすい。根は浅く、地面を這うように根が伸びる（**図7**）。

地温の上昇に敏感で、早くから根が活動

図7　ブドウ台木の向地角

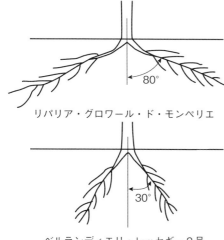

リパリア・グロワール・ド・モンペリエ

ベルランディエリ・レッセギー2号

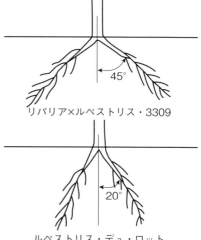

リパリア×ルペストリス・3309

ルペストリス・デュ・ロット

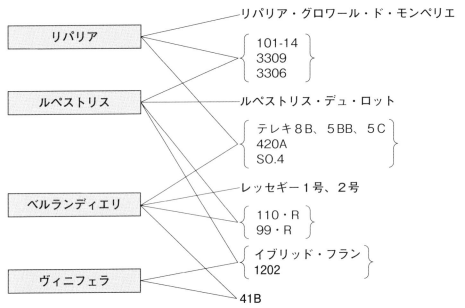

図8 主要台木の交雑図

を開始するから、果実は早熟で、着色も早い。乾燥には弱く、収量も少なく、寿命も短い。リパリア・グロワール・ド・モンペリエがこの純系の代表的台木である。

ルペストリス種

乾燥地に耐える原種で、別名「岩ブドウ」と呼ばれ、雨の少ない乾燥傾斜地に自生している。本種は喬化性台木であり、接ぎ木した下部の台木は太って台勝ちする。根は強く、深根性で、向地角は20度程度（向地角は図7参照）。

乾燥抵抗性で、豊産、強健である。しかし、根が深いので晩熟になり、品質は劣りやすく、着色も遅れる。地下水が上がると酸素不足になり、根腐れが生じる。ルペストリス・デュ・ロットがこの純系の代表的品種である。

ベルランディエリ種

乾燥した山頂部や傾斜地に自生する。欧州は石灰岩土壌が多いが、ベルランディエリ種は石灰岩土壌に強く、欧州では重要な台木である。耐乾性も強く、やや矮性で、早熟、豊産性で品質もいい。向地角は30度程度で根は深く、太く強い。ただし、育苗時に発根・活着が悪い欠点がある。レッセギー1号、2号が純系の代表的品種である。

ヴィニフェラ種

以上の3種に加えて、純欧州種であるヴィニフェラ種が台木の親として利用されている。フランスでは、フィロキセラ抵抗性はないが、台木の原種と交配させて、フレンチ・ハイブリッド（直産雑種）と呼ばれる、根はフィロキセラ抵抗性を持ち、ワイン用ブドウも収穫できる、接ぎ木しないで直接自根栽培できる品種の育成を試みた。その中から、果実は利用しない台木専用の品種が生まれている（図8）。イブリッド・フラン、1202、41Bなどがある。

「ヴィニフェラ」はやや乾燥した土壌を好むが、耐乾性、耐湿性ともに台木原種より弱く、品質向上性もふつうである。ただし、直産雑種系の台木は、穂木品種との親

表2　台木品種の特性

台木品種	台負け	耐寒性	耐乾性	耐湿性	石灰抵抗性	根群	発根
リパリア・グロワール・ド・モンペリエ（純）	極くする	やや強	やや弱	強	弱	細・浅	良
ルペストリス・デュ・ロット（純）	しない	強	極強	弱	やや強	太・深	良
ベルランディエリレッセギー1号（純）	する	強	強	強	極強	やや深	不良
リパリア×ルペストリス3309	少ない	極強	極強	中	やや弱	中	やや不良
リパリア×ルペストリス3306	ややする	強	強	極強	やや弱	中	やや不良
リパリア×ルペストリス101-14	ややする	強	やや弱	やや弱	弱	浅	良
ムルベードル×ルペストリス1202	しない	弱	強	極強	弱	太・深	良
ルペストリス×カベルネ・イブリッド・フラン	しない	弱	やや弱	やや強	弱	太・深	良
シャスラー×ベルランディエリ41-B	ほとんどしない	中～弱	やや弱	やや強	やや強	太・深	極不良
ベルランディエリ×リパリア・テレキ5BB	ややする	強	極強	やや弱	極強	やや浅	中
ベルランディエリ×リパリア・テレキ5C	する	極強	強	強	強	中～深	中
ベルランディエリ×リパリア・テレキ8B	する	強	強	中～強	やや強	中	不良
ベルランディエリ×リパリアSO.4	する	強	強	強	強	強やや深	良
ベルランディエリ×リパリア420A	少ない	極強	極強	中～強	強	細・中	極不良
モンティコラ×リパリア188-08	ややする	強	極強	強	？	やや強	不良

注：①フィロキセラ抵抗性については、日本では問題なく全品種利用できるため割愛した
　　②出所：植原宣紘・山本博著『日本のブドウハンドブック』
　　　　参考文献　土屋長男著「実験葡萄栽培新説」
　　　　植原宣紘「ぶどうの台木を考える」山梨の園芸1947年6月号P25 ～ 31
　　　　土屋長男「ぶどうの台木　SO.4とは」山梨の園芸1949年8月号 P58 ～ 59
　　　　P.GALET「PRECIC　D'AMPELOGRAPHIE　PRATIQUE」MONTPELLUIER　1971
　　　　Winkler「GENERAL VITICULTURE」University of California 1974

第3部　ブドウの品種・育種とブドウ産業　175

和性は片親が同種であるから癒合しやすく、発根性もあり、育苗しやすい。問題はフィロキセラ抵抗性が弱く、ネマトーダ（土壌線虫）にたいしての抵抗性も弱いことである。

　現在、活躍している台木品種は、たとえばテレキ系台木のように、数万個体の中から選び出された優秀品種であり、日本では主要台木になっている。それらの土壌適応性は、欧州種の自根樹よりはるかに広く、乾燥や多湿に耐え、強靭である。台木品種の特性を表2に示す。この表は3大原種と日本における台木の代表的な12品種を取り上げている。

　なお、表の特性の中で、「台負け」とは穂木品種と台木の幹の太さが異なる場合、台木が細い状態になることを示す。台木が穂木より太くなる場合は「台負けしない」という。また、発根とは挿し木した場合の発根がよいか不良かを示す。不良なものは接ぎ木した場合、活着率（得苗率）が低くなり、育苗が難しい台木であるが、できあがった苗木が不良という意味ではない。

日本における主要台木の特性

リパリア・グロワール・ド・モンペリエ

　リパリアの純粋種である。台木品種のうち最も早熟で若木から良果を産し、着色がよく、品質が高い。繁殖が容易なため、導入初期には多く利用された。現在でも山形などでは人気台木である。適湿な砂質の肥沃土壌を好む。

　台負けがはなはだしいのが欠点で樹命は短いが、早熟な米国種、デラウェアなどに接ぐと台負けはそれほどひどくなく、欧米雑種ではなんとか使えるが、純欧州種に接ぐと極端に台負けしてしまう。栽植本数を多くして、やや密植するのがよい。乾燥したやせ地には向かない。

101-14

　リパリア×ルペストリスの交配である。

リパリア・グロワール・ド・モンペリエ

101-14

最もリパリアの性質に近く、グロワールの次に早熟である。矮化性台ではあるが、台負けはひどくなく、良果を産し、品質も高い。樹勢もグロワールより強く、適地の幅も広い。早く収穫を望みたい新品種などには最適である。火山灰土壌のブドウは徒長的生育をしやすいが、101-14台を選べば、樹勢が落ち着き、生産が安定する。

　果皮が薄い、裂果しやすい純欧州系高級種には、本台がいい。台負けはするが大木にならず、徒長的生育をある程度抑え、裂果もある程度軽減する。ハウス栽培、鉢栽

3309

テレキ 8B

培にも好適である。

3309

リパリア×ルペストリスの系統中、ルペストリスの性質に最も近く、乾燥抵抗性が最強である。やや根が深いため晩熟だが台負けが少なく、デラウェアや甲州の乾燥地、傾斜地の台木として定評がある。巨大粒品種や高級欧州種では晩熟性と台負けのため、テレキ系台木のほうが好まれるようである。

豊産で樹齢も長く、着色も優れているので、ハウス栽培では樹勢の強さを発揮する。台木そのものは葉も小さく、旺盛に伸長しないので、テレキ系などに比べると、よい挿し木を取るのが難しいという欠点がある。

テレキ8B

ハンガリーのテレキ氏はベルランディエリ×リパリアの多量交配を行い、4万粒の種の中から16種を選抜し、その中でも優秀性を認めたのがテレキ8Bである。最もベルランディエリに近い性質を持ち、着色、粒張り、品質が優れ、幼木期から良果をつけ、収量も多く樹齢も長いため、現在でも最高の優良台木といってよい。

準矮化性台木であるが、穂木品種の拡性は大きく、樹勢は強い。土壌適応性は広く、

テレキ 5BB

乾燥地にも湿地にも適し、砂壌土から粘土まで広範囲に適地を持つ。

欠点は接ぎ木繁殖のさい、発根が悪いことである。また。徒長的な純欧州種に接ぐと台負けが激しい。テレキ8Bは枝梢上にビロード状に密生する絨毛があり、容易に判別できる。また、実がなるものは真のテレキ8Bではない。

テレキ5BB

テレキ系台木の中からコーベル氏が選抜した台木で、8Bよりはリパリアの性質に近い。台負けはするが、8B、5Cよりは

第3部　ブドウの品種・育種とブドウ産業　177

テレキ5C

SO4

その程度が軽く、やや浅根だが根は太く拡
性があり、乾燥には特に強い。樹勢も強く、
若木のときは徒長しやすいが、成木になれ
ば落ち着き樹命も長い。

　湿地では8B、5Cに劣り、土層の深い
乾燥地が適地である。雨が少なく気候のよ
い年には本領を発揮し、最高品質のブドウ
になる。早熟で着色がよく、果粒の肥大も
いい。わが国では普及率第1位の台木であ
り、現在なお人気が高まっている。統計は
ないが、おそらく全台木の50〜60％を占
めていると推定される。本種の葉は大きく、
枝に絨毛はなく、黒い小粒の実がつく。

テレキ5C

　ベルランディエリ×リパリアの交配であ
る。8B、5BBとともに、テレキ系3大品
種と呼ばれている準矮化性台木だが、比較
的深根性で、根が太く樹冠を拡大させる点
は8Bに似ている。若木のときは徒長する
ので接ぐ品種によっては台負けがはなはだ
しく、火山灰土壌には不向きである。

　土壌適応性の幅は広く、湿地にも乾燥地
にも強く、8Bに優るとも劣らない良台で
ある。品質向上性があり、早熟、豊産であ
る。特に耐寒性が優れ、欧州では中部ヨー
ロッパからドイツ北部の寒冷地に普及して
いる。日本でも北海道に人気があり、九州

や全国各地にも普及していて、5BBに次
ぐ人気台木である。本種は葉が大きく生育
は旺盛で、枝は無毛であり、実はつけない。
8Bは発根が難しいが、5BBと5Cは、8
Bより発根がよく、活着率が高い。

SO4

　ドイツで選抜された品種で、セレクショ
ン・オッペンハイムNo.4の頭文字をとって
命名された。テレキ4、テレキ5A、テレ
キ5BBの選抜との諸説がある。

　耐乾性が強く早熟である。5BBに似て
いるが、耐湿性もあり、肥沃な粘土質土壌
に適す。優秀と思われていたが、巨峰は台
負けがひどく、不適であり、その後、フィ
ロキセラ抵抗性が弱いということから欧州
では普及後、人気が急落している。育苗も
発根が不安定なため、日本でも1950年代の
導入時には大変期待されていたが、だんだ
ん人気がなくなりつつある。

420A

　フランスで交配された台木で、テレキ系
と親は同じベルランディエリ×リパリアで
あるが、テレキ系とは呼ばない。ベルラン
ディエリの性質を受け継ぎ、耐寒性が最も
強く、品質向上性もあり早熟である。

　耐湿性は弱いが耐乾性は非常に強く、ま
た、石灰抵抗性も強い。ヨーロッパでは重

要な台木であるが、わが国ではテレキ系台木のほうが適しているようである。本種は発根が悪く育苗が困難なため、あまり普及していない。

イブリッド・フラン

フランスで交配されたルペストリス×ヴィニフェラ（カベルネ・フラン）であり、直産雑種が台木として利用されている。代表的な喬化性台木である。いずれの品種に接ぎ木しても台勝ちし、樹冠は広がり、はなはだ大木となる。密植、強剪定すると花振るいや着色不良となり品質は低下する。根は太く、軟らかく、深根性で、果実は晩熟である。樹を拡大させれば豊産、強健で樹齢は長い。巨峰はこの台木を接ぐと実止まりがよく、一時期は人気があったが、着色が悪く赤熟れになりやすい。着色品種にはおすすめできない台木である。

その他の台木

台木品種の中で耐乾性を中心に選ぶ場合、準矮化性台木の中では3309、420A、188-08などが強い。テレキ系台木の場合はテレキ5BBが最も強い。耐湿性の強いのは3306が有名だが、ブドウは排水のいい乾燥地を好むため、わざわざ湿地をブドウ畑にしようと選ぶことはあまりない。

ただし、雨の多い日本では、長雨があると地下水位が上昇し、多湿になる場合もあり、グロワール・ド・モンペリエ、101-14などは耐湿性があり、現在でも利用価値が高い。テレキ系台木では、5Cと8Bが耐湿性もあり、ある程度は耐乾性もあって、適応性の幅が広い台木である。

海外のブドウ産地の多くは降雨量の少ない乾燥地であるから、耐乾性の強い台木を選ぶが、モンスーン気候の日本では、降っても照ってもある程度幅広く対応する準矮化台木がより適している。

ヨーロッパにおいては、台木利用は、日本とは事情が異なり、乾燥抵抗性の強い台木が好まれている。また、石灰質土壌も多く、ブドウ畑の多くはやせて乾燥する土壌である。特にワイン用ブドウはそのような土壌が銘醸地であることが多い。

台木原種の組み合わせのうち、最初はリパリア×ルペストリスの101-14、3309などが使われたが、その後、イタリアやフランスでは、より乾燥に強いルペストリス×ベルランディエリの交配による99R、110R、140Ruなどの台木に置き換えられている。また、テレキ系とは両親が逆の組み合わせのリパリア×ベルランディエリである161-49は石灰質土壌に耐性が強く、欧州では重要な台木になってきている。

私は欧州で人気のあるこれらの台木を輸入して育苗してみたが、やはりテレキ系台木のほうが日本の土壌・気候条件により適しているようで、日本ではこれらの耐乾性の強い台木には希望者が少なく、あまり普及しなかった。

日本の主要台木の変遷と動向

台木が日本に導入されたのは大正時代初期だった。当初は3309、3306、101-14が多く利用されていた。その後、420Aやテレキ系台木が導入され、栽培経験を重ねる中で、現在ではテレキ系3大品種のテレキ5BB、5C、8Bが普及の中心になっている。

根の向地角度が45度という中深で準矮化性だから、乾燥にも耐え、耐湿性もある程度あり、乾湿を繰り返しやすい日本の気候風土には最も安定性があるのである。

喬化性台木も利用されている。岡山県ではイブリッド・フラン台がガラス室栽培の高級品種、マスカットオブアレキサンドリアの台木として用いられた。この台木はルペストリス×カベルネ・フラン（ヴィニフェラ）の交配である。つまり、片親が欧州種であるから、接ぎ木するさい、親和性がよく、繁殖が容易なのである。それに、マスカットオブアレキサンドリアは黄緑色品種であるから着色の問題もない。樹は豊産、強健で栽培しやすい。

山梨では矮化性台の1202台が好まれた時

第3部　ブドウの品種・育種とブドウ産業　179

期があった。これはムルヴェードル（ヴィニフェラ）×ルペストリスの交配で、発根がよく穂木との親和性もあり、繁殖容易な台木である

また、長年月ハウス栽培している園では喬化性台木でないと樹勢が維持できないこともある。1202やセントジョージ（ルペストリスの純粋種）などが使われる。

しかし、巨峰系品種などが普及してくると、着色に問題が生じてくる。イブリッド・フランと同様に、着色不良や熟期の遅れがあり、これらの喬化性台木は利用頻度がだんだん減少している。

3309と101-14は現在でも主要台木であり、テレキ系台木には及ばないが、かなり使われている。山梨県の調査では、101-14を使ったピオーネに優良着色樹が多く、テレキ系よりよいとの評価がある。

ただ、1970年頃の調査時にはテレキ系台木のウイルス汚染率が高かった時代で、その後、生長点頂部組織培養でウイルスフリー化したテレキ系台木は着色が良好になり、糖度も高く、101-14台と有意差がなくなった。1980～90年代になって、ウイルスフリー台が普及した結果、テレキ系台木、中でもテレキ5BBは全国的に広がり、5Cと8Bがこれを追っている。

フィロキセラBの出現

カリフォルニアのナパ・ヴァレイに1979年、新しいタイプの強力なフィロキセラが現れて、AXR#1という台木を使ったブドウ畑が広範囲に枯れ始めた。

カリフォルニア大学の調査でフィロキセラBと名づけられたこの突然変異した新しいフィロキセラは、米国内で猛威をふるって、カリフォルニアのブドウ畑は荒廃の危機に直面した。

AXR#1とは、アラモン（ヴィニフェラ）×ルペストリス・ガンゼン1号として日本にも導入されている台木である。フランスでは生育旺盛で豊産だが、フィロキセ

ウイルスフリー台木苗の生育

ラ抵抗性が弱いという判断で過去の品種になっていた。しかし、カリフォルニアでは、今まではその被害もなく、土地に適した主要台木として非常に大規模に植えつけられていた。

アラモンは欧州種でワイン用品種である。したがって、このガンゼン1号にはヴィニフェラが片親として遺伝的に入っているため、フィロキセラ抵抗性は低かったのである。日本では直産雑種系の喬化性台木はあまり使われなかったため、このような被害は今のところない。イブリッド・フラン、1202、41Bなども片親はヴィニフェラであり、フィロキセラには弱い。

カリフォルニアではこのAXR#1に替えて、台木の原野生種×原野生種である純粋台木の苗木に植え替えて、この被害を食い止めたようである。

ブドウは命ある植物であるから、これから先もどのような災害に見舞われるかは油断できない。台木品種だけではなく、生食用品種、ワイン用品種も含め、品種選びは慎重でなければならない。

最近はワインブームで苗木の供給が追いつかず、苗木不足が続いている。安易に挿し木繁殖を行うと、フィロキセラの蔓延を招く危険性がある。歴史の教訓をしっかり学び、くれぐれも警戒したいものである。

生育サイクルと管理・作業暦

ブドウの1年間の生育状態と主な栽培管理・作業などについて述べよう**（図9）**。

発芽・展葉期

春先、地温が上昇すると根が活動を始め、水分を吸収して幹や枝に送り始める。剪定した枝の切り口から水分が染み出る頃を、樹液流動開始期という。芽がふくらんで発芽し、幼い葉が開くのを展葉という。葉が3～4枚展葉すると花穂が現れてくる。展葉7枚目頃までは前年、樹体内に蓄えられた貯蔵養分によって生育する。

新梢伸長期

新梢が伸び始めると、忙しくなってくる。新梢の脇から出てくる副梢をかく。込み合った場合は伸びのよくない枝をかく。これらの作業を芽かきという。強風で新梢が折れることもある。品種によっては枝を針金に縛りつける誘引のとき折れてしまうこともある。芽かきは少し多めに枝を残しておいて、込み合ったら後で間引けばいい。

そうして天気のいい日の昼近くに太陽光線が地面に3分の1程度落ちる明るさに、枝葉を棚面に均等に配置するのが夏季管理のコツである。葉が太陽光線を浴びて光合成し、その栄養分によって枝葉が伸び、開花受精し果実が実る。ブドウ作りは葉の光合成の効率の良し悪しですべてが決まる。伸び過ぎる枝は摘心するが、フラスター液の散布で伸びを抑制し省力化できる。

開花結実期

房が伸びて発達し、やがてつぼみがふくらんで開花期を迎える。花冠（キャップ）がとれて開花し受精・結実する。その前に、品種に合わせた房作りをする。ジベレリン処理、摘粒など、限られた短期間に急いで作業しなければならない、年間で最も忙しく、神経を注ぐ重要な時期である。品種にはさまざまな個性があり、花流れ（花振るい）しやすい受精の難しい品種がある。最近はジベレリン、フルメット、アグレプトなどを上手に使うことによって、難しい品種が作りやすくなってきている。

果粒肥大期

開花が終わると果粒が肥大し始める。幼果期は傷つきやすく、細心の注意が必要で、防除散布などは休止し、打撲症を受けないように、房を手で触れてはいけない。手荒な作業は厳禁である。

果粒の肥大が始まる第Ⅰ期は約30～40日間続く。その後、一時肥大が停滞する第Ⅱ期を、果粒内の種が硬くなる時期だから硬核期といい、これは約2週間続く。ただし、ジベレリン処理した無核品種はこの時期もやや肥大する。その後、果粒が軟化する時期を第Ⅲ期といい、ベレーゾン（水が入る、水がまわるともいう）期という。果粒は成熟し始めて、再度果粒が肥大し、グラフにすると肥大のS字曲線を描く。日に日に糖度が増し、酸が減少し、それぞれの色にブドウは着色し始める。

ベレーゾン前にカサかけ、あるいは紙袋かけを行い、袋かけした場合は果房が汚れないのでボルドー液の散布ができる。

果実成熟期

成熟期には糖分が蓄積されて酸は減少し、香りのある品種では品種特有の香りを呈してくる。収穫適期は、われわれ生産者は着色と糖分で決めることが多い。生食用のブドウは粒を食べることができるから判断するのはやさしい。ワイン用の場合は微妙に酒質に影響するので、甘味比などをしっかり計って収穫日時を調査して慎重に判断する。

第3部　ブドウの品種・育種とブドウ産業　181

図9 ブドウの生育と

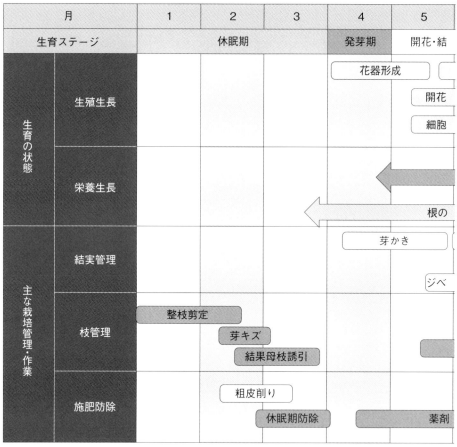

出所:『図解よくわかるブドウ栽培』小林和司著（創森社）

収穫期に長雨、曇天が続くと品質が低下する。結果過多、枝の徒長はそういう条件下になると栄養分の不足をもたらす。そしてブドウの品質が低下しやすい。それはこの時期の問題というより、施肥量、剪定の仕方、密植の程度など、基本的な栽培体系全体のバランスが関係してくるのである。どのような天候下でも耐えるような、余裕のある、蓄えの十分な樹力を持った周到な栽培が、永年作物であるブドウ栽培には本質的に重要なのである。

養分蓄積・休眠期

ブドウに栄養を注ぎ込み果実を成熟させた枝葉は収穫後、次年のために栄養を樹体内に蓄えようと光合成を行う。蓄えられた貯蔵養分は冬の寒さに耐え、来年の生育に備える体力をつけるのである。

その葉を守るため、収穫後のお礼散布をして、葉が霜で枯れるまで、早期落葉させず、健全に保つのが次年度の収穫を保証するのである。

落葉して樹は休眠期に入る。このとき、十分な冬の低温を必要とするのが落葉樹のブドウである。だから、常緑樹が育っている亜熱帯地域では、冬の寒さがないから樹は短命に終わる。

冬季は剪定を行い、春に備える。整枝剪

主な栽培管理

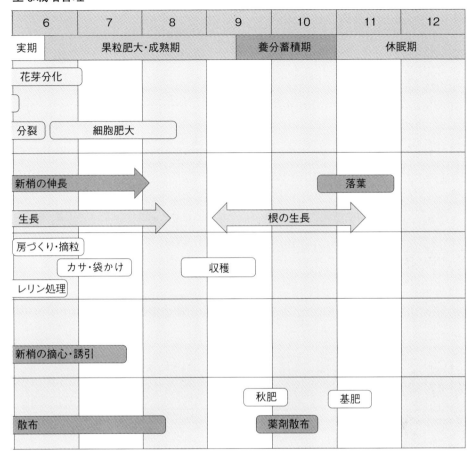

定は葉が落ちたブドウの休眠期に行う。長梢剪定、短梢剪定、株作り、垣根作りなど、いろいろな整枝剪定法があるが、剪定する栽培者には、次年度の枝がどのように伸び、ブドウの花が咲き、ブドウが熟すのか、ありありと目に浮かべながら剪定作業を行うのである。栽培者にとっては、時間もたっぷりあり、最も楽しい、意義のある作業が冬季の剪定である。

生育に合わせた毎年の作業

ブドウ作りは、ある意味で子育てに似ている。ブドウは人間と同じくらい寿命が長い。50年もすると幹は太くなり、両手で抱えられないほどの大木になる。同時に、毎年毎年、芽が吹き、枝が伸び、花が咲き、実がなり、成熟する。雨の多い日本では一年でも休めば、来年の生育に響くから、栽培者は病気などしていられないのである。まさに「倦まず弛まず、一生懸命」に栽培し続けなければならない。

ブドウ樹の健康を維持するためには、自らの健康を維持しなければならないわけである。これは、ブドウとともに生きれば、健康長寿にならざるをえない、という、誠にありがたい、いわば人生の極意なのである。

苗木の植えつけと管理

　苗木を順調に生育させるためには、保管と植えつけにあたって、さまざまなきめ細かい注意が必要である。植えつけ方に問題があるとせっかくの苗木が萌芽しなかったり、枯れてしまったりすることもある。次の注意事項を参考に、管理に手抜かりのないよう、大切に育ててもらいたい。

植えつけ時期

　植えつけ時期には、秋植えと春植えがある。一般に秋植えは根が土壌になじむのが早く、初期生育が良好といわれる。しかし、冬の寒さが厳しいところでは凍乾害の危険性があり、万全を期すために一本一本防寒する必要がある。

　やはり、西南暖地以外の地域では春植えのほうが安全で、厳寒期を過ぎ、萌芽が始まるまでの3～4月が植えつけの適期となる。苗木は電話やFAX、メールなどで注文するが、注文がきわめて少ない品種は受注生産方式になる場合が多い。

　なお、秋までに苗木を入手した場合は、春までに仮植え（仮伏せ）しておく。

仮植えの留意点

　到着した苗木は、根を12時間ほど水に浸けて給水させる、仮植え前に品種名、台木名の保証ラベルを外し、その替わりに土中に埋めて長時間置いても腐らないしっかりした園芸用ラベルに取り替える。

　仮植え場所は排水のよい、乾燥し過ぎない、日当たりのよい土地を選ぶこと。未熟な有機質の多い土はカビが発生して芽や根が傷む危険があるので避ける。また、建物の北側の陰など、冬に長期間凍結するような場所は最もよくない。

　苗木を束のまま、穂木の部分を地表上に露出させて仮植えしておくと、束の間の空間が埋められていないので乾燥がはなはだしく、発芽不良か枯死を招く。束をばらして1本ずつ斜めに並べ、土をあっさりかけてから水をたっぷりやると隙間に土が入り込み、苗木全体が完全に土と密着して土中に埋まる。

　さらにその上に土をかけ、全体が凍結層の下に埋まるように土を盛り上げ、覆土の上に乾燥と寒さを防ぐようわらなどでマルチしておくとよい。

植えつけの基本

　成木園内に植えつけるとき、棚上に他の木の枝が伸びて日陰を作ると、せっかくの苗木が光線不足となり、生育不良を起こしやすい。新植園では心配ないが、成木がある場合は大きく空間を開けてやらないと、大切な基礎体力作りをしなければならない若木時代に軟弱な幹を作ってしまい、将来に悔いを残すことになる。空地で1～2年養成してから移植する方法もある。

　●植えつけ方法は、深さ30cm、盛土の高さ30cmを目安にして、**図10**のとおりに植えつけるようにする。乾燥しないので、ほとんどが発芽、活着に成功する。失敗する人の多くは基本をないがしろにし、自己流の植えつけ方をしている場合が多い。

　●植え穴の中心を深く掘ると、後日沈んで接木部が土中にもぐり、自根が発生して台木が衰え、接ぎ木した意味がなくなる。苗の直下は10cmの深さにして後で沈まないように硬くして植えるのがコツである。

　●植え穴に多肥は禁物。肥料が多過ぎると肥料焼けをおこして根が傷み、芽が伸びなかったり、逆に秋に肥料が効き過ぎて秋伸びし、冬に凍害を受けることもある。リン酸と石灰を少量与え、完熟堆肥をあらか

深さ約30cmの穴に植えつける

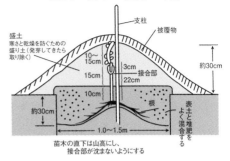

出所:「ブドウ品種解説」2017年度版
（植原葡萄研究所）

じめ土とよく混ぜ合わせておき、もし、化学肥料を使用するときは直接根に接触しないように気をつける。

● 苗の根の先端をやや切り詰め、新鮮な切り口にし、植え穴に放射状に真っ直ぐ広げて伸ばし、軽く土をかけて固定する。

● 苗の穂木の部分は、約10～15cmに切り詰めること。これを実行せず、長いまま植えて失敗する人がいる。長いとかえって萌芽が悪くなりがちである。

● 穂木の部分（接合部の上）に石灰硫黄合剤（2～3倍液）を塗布する。クロンが製造中止になったので、その代わりにベンレートの200倍液を散布すれば黒とう病などの予防になる。休眠期防除としてベンレートの濃厚液は高価だが、クロン以上の効果がある。必ず萌芽前までに行う。萌芽後は薬害の危険がある。

● 植え穴に土を半分ほど入れ、たっぷり灌水する。このとき、ベンレートの1000倍液（またはトップジンMの500倍液）で灌水すればモンパ病の予防にもなる。水が引いたら富士山型にたっぷり土を盛り上げて苗木全体が土の中に埋まり、見えなくなるようにする。この盛り土をしないで平らに植えると、地温が低く根がまだ活動していないので穂木の部分が乾燥した冷たい風にさらされて乾き、非常に萌芽が悪くなり失敗する。盛り土の山を、さらにわらなどの被覆物でていねいに防寒してもよい。

植えつけ後の管理

4月上旬になり、芽がふくらみかけたら、盛り土を芽の位置まで削って（除草を兼ねて）支柱を立て、伸びてくる新梢を誘引する。土取りが遅れると土中で芽がもやし状になり、失敗する。

新梢は発育のよいものを1本残し、万一に備えてスペアの芽をその下にもう1本残してその芽の先端は摘心し、それ以外の芽は全部かき取る。主梢が30～40cmに伸びた頃までに盛り土は平らにし、接合部が露出しているかどうかも確認する。

1年目の勝負は徹底した消毒いかんで決まる。防除暦に準じて、5～9月まで10回程度の消毒をする。大切な将来の主幹がつる割れ病や黒とう病の被害を受けると回復不能になる。

5～6月はジマンダイセンを主体に、7～9月は品種や生育に応じた比率と濃度のボルドー液（十分伸びたら6-8式など）で苗木全体をボルドー液色に染めるほどていねいにたっぷりと散布すること。根元や幹をコウモリガなどの害虫に食害されないように殺虫剤も数回混用散布する。

ブドウの棚仕立てと垣根仕立て

棚仕立てと垣根仕立て

　日本で広く見かける生食用ブドウの栽培は、人の背丈の高さに棚を作り、枝を広く伸ばすのが、ふつうのやり方である。茂った枝葉が棚のように見えるので棚仕立てと呼んでいて、江戸時代から続いている伝統的な栽培法である。

　しかし、世界を見ると、ことにワイン用ブドウにそのような仕立て方は滅多に見られない。イタリア南部の一部とか、北部山岳地帯のブドウなど、その例は限られている。ワイン用ブドウのほとんどは、株仕立て（南フランス、ボージョレー、ギリシャなど）、または垣根仕立てである。

　畑に列をとって柱を立て、それに針金を張り、伸びだした枝をこの針金に結びつける。この方法をとるとブドウの枝葉が整然と垣根のように並ぶ。前年の枝（結果母枝）を長く1本伸ばし、水平に横たえて縛り、その枝から垂直に伸びた10本ほどの枝を上部の針金に結びつけるのをギヨー式と呼ぶ（**図11**）。

　水平の主幹をギヨー式は毎年切って木元の前年枝を使うが、これを残し続けて主幹とし、短い角のように剪定短梢剪定するのをコルドン式と呼ぶ。この主幹を右か左の一本にするのをシングル・コルドン、両手を広げたように左右の残すのをダブル・コルドンという。

　これらの仕立て方は、ブドウ品種の枝に実をつける固有の特性に合わせて使い分ける。株仕立て（コブレ式）は支柱も針金も使わず、一株に複数の腕枝を残して、すべ

一般的な棚仕立て

世界のワイン産地で行われる垣根仕立て

甲州式平棚

雨よけ垣根仕立て（マンズワイン小諸ワイナリー）

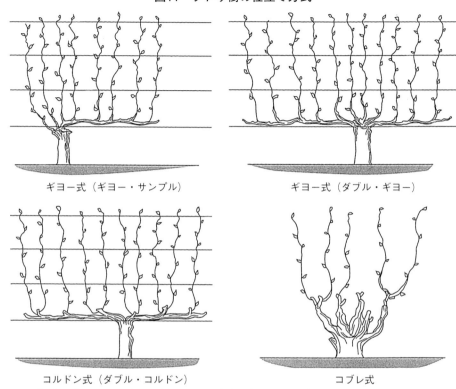

図11 ブドウ樹の仕立て方式

ギヨー式（ギヨー・サンプル）　　　ギヨー式（ダブル・ギヨー）

コルドン式（ダブル・コルドン）　　コブレ式

出所：『日本のブドウハンドブック』植原宣紘・山本博著（イカロス出版）

ての前年枝を短梢剪定し、伸びた枝を摘心して上部をまとめて縛る。コブレはワイングラスなど、ブドウ株を盃型にする意で、フランスのボージョレーなどが有名である。最も原始的な栽培法だが、これはやせ地で降雨が極端に少なく、枝が日本のように長くいつまでも伸びないからできる業である。

　これらの方法をとると果房の数をおのずから制限できる。濃縮された成分の濃いブドウになるからいいワインになる。冬季の剪定も、樹形を気にする棚作りの難しい剪定に比べると、比較的簡単で、誰にでもできる機械的な作業になる。

　日本でも本格的なワインをねらうワイナリーでは、ワイン専用種を栽培して垣根仕立てをするところがだんだん増えてきている。近年は棚仕立てによる栽培法でも短梢剪定を取り入れる例が全国的に普及してきている。伝統的に西日本では棚仕立ての短梢剪定栽培が盛んなのである。

東日本の長梢剪定栽培

　ところが東日本では約1000年の歴史がある甲州種の栽培経験から、長梢剪定栽培が盛んである。これは甲州種が欧州系の徒長的生育をする品種で、結果母枝を長く剪定しないと実がつかない性質があるから、ブドウをならせるためにはやむをえない剪定法なのである。短梢剪定では十分な房数が

棚全体に枝が広がる長梢剪定

取り組みやすい平行整枝短梢剪定

得られない品種だからである。

　長梢剪定の樹形を作るには、主幹を棚下で左右2本に分け、それぞれ2m程度に伸ばしたところでまた左右2本に分けて、計4本の主枝を作る。真上から見ると樹形はX型になる。これを山梨県ではX型整枝剪定と呼ぶ。この樹形が完成するまでには年月を要する。7～8年を経て樹冠を拡大させると、10a当たり4～8本程度の栽植本数で、棚全体に枝が広がる。いわゆる粗植大木主義の栽培法で、欧米人はこれを見ると「このような大木のブドウは見たことがない」と驚嘆することになる。

　樹勢が揃い、バランスよく枝を配置するための剪定技術の習得は、長い経験が必要である。一種の名人技であって、棚全体に適度な大きさのりっぱなブドウの房が並ぶまでには熟練の技術がいる。

広がる短梢剪定栽培

　一方、短梢剪定は、剪定技術の習得という点では比較的簡単である。2本の主枝を左右に伸ばし、左右から出た枝にブドウをならせる。ブドウの房は左右2列に並ぶ。これを一文字整枝と呼ぶ。左右に角のように短い1～2芽の枝が並ぶから、剪定作業は機械的で、毎年同じ剪定法でよい。樹勢が強い品種の場合、あるいは土地が肥沃の場合、栽植本数を少なくして、樹を広げるとよい。

　主枝を4本にすると、真上から見るとH型整枝になる。さらに樹冠を拡大したければ、ダブルH型という、左右に4本、計8本の主枝にする場合もある。枝は一定の長さになったら切り詰めるといい。

　この短梢剪定は西日本だけではなく、今では全国的に採用されている剪定法になってきている。栽培者の高齢化と後継者不足で、日本のブドウ栽培面積は平成時代の30年間でなんと半減してしまった。今から新規就農する人々のほとんどはブドウ栽培の素人であり、専門技術を教えてくれる人はわずかである。

　そうしたことから、やさしく学べる栽培法がこの短梢栽培である。樹形が整えば、枝を短く切るのは機械的だから取り組みやすい。ワイン用品種を作る場合なら、この栽培法は打ってつけである。甲州種の場合は前述したように、短梢栽培は難しいが、工夫すればどうにかブドウは収穫でき、収量が少ないぶん、果実に成分が濃縮され、国際コンクールで表彰されるような甲州ワインができている。

　これからのブドウ栽培は、生食用品種、ワイン用品種ともに、この短梢剪定ができる品種が増えてゆくと思われる。ジベレリン処理とフルメット処理の併用で実止まりが安定し、巨峰系4倍体品種も短梢栽培がふつうに行えるようになったことも大きく影響している。ただし、栽培が難しい純欧州系品種だけは自然型・X型の長梢剪定での栽培が続くだろう。

ブドウの病虫害の症状・対策

　ブドウは食べておいしく栄養に富んでいるので、さまざまな生物に好まれ、害虫にねらわれる。ここではあまり詳しく述べるわけにはいかないが、注意しなければならないおおよその病気、害虫などに触れてみる。

　病気と害虫の防除に関しては、各地の果樹産地がある農業試験場、果樹試験場などが、年間の防除暦を毎年発行している。ブドウでは芽が吹く前の休眠期防除から始まり、ブドウ品種別の年十数回の薬剤散布が詳しく記載されている。

　主要品種の防除暦を参考にすれば、似た系統の新品種にも適応できるので、地域の農業改良普及センターなど、指導機関のアドバイスを受けながら、防除に努めていただきたい。

主な病気

　日本のブドウ栽培の大敵はなんといっても多雨による病気であり、適切な防除なしによいブドウは収穫できない。「ブドウ栽培とは病気との闘いである」といっても過言ではない。

　多くの先輩たちの長年の労苦と研鑽の積み重ねで、現在の病気にたいする防除体制がある。そういう意味で、日本のブドウ栽培は、湿潤多雨による病気という困難を克服してできあがった栽培・防除技術と安全な農薬に支えられているのである。

べと病

　雨が多く湿度の高い日本で最大の敵はカビ病であり、その中でしばしば大被害をもたらすのがべと病である。露菌病ともいう。

　5月頃から晩秋にかけて葉裏に白いカビが発生し、多発すると落葉する、ブドウにとっては最も恐ろしい病気である。花穂が冒されると、壊死する。幼果も白いカビが生えて褐変する。もともとは米国に起源を

べと病

もつ病害だが、米国系品種は比較的抵抗力が強い。欧州系品種が特に弱く、防除しないと壊滅的な被害になる。雨が多く、湿度が高い年には多発して、収穫皆無になることもある。

　5月上旬から予防的な散布が大切である。うどんこ病と似ていてまちがわれることがある。なお、有名なボルドー液はこの対策としてフランスのボルドー地域で使われ始めた、長い歴史のある防除薬である。ボルドー液は乾くと青白く枝葉が汚れるが、安全性は確認されている欧州系ブドウ栽培の強い味方である。

　ブドウの房に袋かけをしたら、4－4式ボルドー液またはICボルドー66D－40倍を定期的に散布すると予防効果が長く続き、ブドウは健全に維持され、木の経済寿命も延びる。

晩腐病

　晩腐病（おそぐされ病）は、ばんぷ病とも読む。果粒に菌が付着していて成熟期になってから発病する。糖度が増して酸が減少すると菌が発育するから、おいしいブドウほどかかりやすい。

　果皮がだんだん茶褐色になり、やがて乾しブドウのようにミイラ化してしまう。枝や巻きひげに菌糸の形態で越冬し、雨水で飛散する。

第3部　ブドウの品種・育種とブドウ産業

休眠期防除から油断なく散布を続け、できる限り早くカサかけ、袋かけして、房に雨を当てないよう心がけるとよい。被覆栽培では雨が防げるから、この病気は少なくなる。

灰色カビ病

花穂や幼果が罹病すると褐色になって腐り、灰色のカビを生じる。防除を怠ると致命的被害になる。開花後、房の中に残った花かすにこのカビが生えるから、幼果期に薄いベンレート液、または水道水でやさしく水洗いして房をきれいにすると、効果がある。

欧州系品種はこの病気に弱いので、甲斐路、ロザリオビアンコ、シャインマスカットなどは房洗いを徹底するといい。これはすべての品種に当てはまる。

うどんこ病

葉、幼果などに見られる。小さい円形の斑点が生じ、表面にうどんこに似たカビを生じる。べと病とまちがわれやすい。このカビは腐らないが、果粒表面が汚れ、石ブドウと呼ばれるように、硬くなって外観を損なう。欧州種は特に弱い。この菌は降雨より、風で飛散しやすく、雨を防ぐ施設内でも多発することがあり、トリフミン、マネージなどの散布は欠かせない。

黒とう病

欧州系品種が特に弱く、防除を怠ると苗を枯らしてしまう恐ろしい病気である。葉、新梢、巻きひげ、果房などに発病し、軟弱な組織が侵される。葉は褐色に斑点が現れ、黒い円形病斑が生じ、枝葉はよじれる。縁が黒い鳥の目に似た穴が開くのが特徴である。春先の冷涼多雨の時期に多発する。

発芽直前にベンレート水和剤500倍液をていねいに散布すると胞子を抑制できる。初期の幼葉に発生した場合はマネージ5000倍で抑える。

つる割病

新梢、古づる、果房などに発病する。新梢の基部に黒褐色の条斑が一面に生じ、こ

れは前年の古づるから軟らかい新梢に移った病斑である。一度罹病すると、完全に防ぐのは難しく、毎年発病する。

古枝の粗皮を擦り落とし、罹病枝や枯れ枝を剪除し、巻きひげなどを集めて焼却するとよい。ベンレート水和剤500倍液の休眠期防除の徹底的散布は効果が高い。黒とう病、つる割病は純欧州種の寿命を縮める大敵であり、ていねいな休眠期防除は欠かせない。

さび病

主に葉裏につきやすい。果実を冒す病気ではない。胞子は橙黄色粉状で葉裏から飛散する。葉が傷み、早期落葉を招き、果実の品質を低下させる。この病気は欧州種より、米国種や欧米雑種に発生が多い。

防除薬剤はボルドー液がよく、残効も長いので、生育期間後期にしっかり散布すれば、予防効果もあり、それほど恐ろしい病害ではない。

褐斑病

巨峰やピオーネがこの病気に特に弱い。新梢の基部葉に黒褐色の病斑が現れ、だんだん先端の葉に移行する。早期落葉するとブドウは着色が悪くなり、品質も低下する。防除はべと病の防除と同時に行うので、効果があり、葉は健全に維持できる。ていねいな初期防除を徹底すれば、ほとんど心配ない病気なのである。

無農薬栽培をする庭先園芸家は、この病気で樹が衰弱し、味の悪いブドウになってしまう。最低限の薬剤散布はブドウ栽培では欠かせない。

白紋羽病

シロモンパ病と読む。これは地下部で見えないところの根の病気である。樹は徐々に衰弱して葉が黄色くなり、枯死に至る。根を掘って見ると、白い菌糸が細根を枯らし、根の皮が腐敗してキノコのような臭いがする。

土壌に未熟な粗大有機物や生わらなどを多量に埋めると、このモンパ菌が増えて根

晩腐病

黒とう病（果房）

灰色カビ病

さび病

を枯らす。桑の畑を掘り取ってブドウ畑にすると、残った桑の根が菌糸を持っていて、それが原因になることもある。完熟堆肥を使うとその心配はない。軽度の場合はベンレート、フロンサイドなどを土に灌注して助けることができる。

根頭がんしゅ病

主幹の地際部や根にがんしゅを形成してひどい場合は木が枯死する。若いがんしゅは軟らかく、カリフラワーのようにふくらむ。だんだん乾くと黒いコブ状の塊になる。4倍体の巨峰系品種や徒長しやすい純欧州種が罹病しやすい。米国系品種は組織が硬く、がんしゅはあまり発生しない。

凍害を受けると、それが引き金になって、その部分を修復するための癒合組織の軟らかい部分に菌が入り、がんしゅができることがある。発見したら小さいうちに削り取り、トップジンMペーストを傷口に塗ると治癒することもある。

えそ果病

新梢、葉、果房に病徴が生ずる一種のウイルス病である。新梢は節間が詰まり、濃緑色のえそ条斑が現れる。葉は小さく、波打ち、モザイク斑、線状斑などで奇形化する。幼果に濃緑色のえそ斑が現れ、着色が悪く、肉質は硬く、小粒で商品価値がなくなる。巨峰群品種に病徴が現れやすく、デラウェア、甲州では発症しないが、潜在感染するようである。

感染樹は残念ながら伐採するしかない。本病はブドウハモグリダニで伝搬することがわかり、今のところ、休眠期に石灰硫黄合剤の防除を徹底するしか対策はない。

ウイルス病

世界でブドウに感染する20〜30種のウイルスが発見されている。前述のえそ果病もその一種である。その中には、糖度の低下、着色不良、収量減、樹の衰弱、短命をもたらすものもある。

重要なウイルスはリーフロール（葉巻き病）、フレック、コーキーバーク（樹皮のコルク化）、ファンリーフ（縮葉病）の4種である。さらにステムピッティング（枝幹異常症）は、幹の粗皮の下に無数の穴、溝が生じ、だんだん樹勢が衰えるウイルスが発見された。

ウイルス病の経緯を述べてみよう。1960年頃、山梨県の甲州種の糖度が低くなる「味なし果病」が多発し、着色も不良だった。県果樹試験場の調査の結果、リーフロールとフレックの複合汚染であることがわかった。その対応策として、生長点頂部組織培養してこれらのウイルスを取り除いた株（ウイルスフリー株）が得られ、それらを育てたところ、糖度が20〜23度になり、着色も良好になった。

それから、山梨県、県果樹試験場、JA全農やまなし、苗木生産の民間組合が一体となったウイルスフリー苗普及の運動が始まり、県下に数十万本のウイルスフリー苗が供給されて現在に至っている。全国にもこの動きが波及したため、広範囲に汚染されていた日本のブドウからウイルス病の被害はほとんど駆逐されたのである。これからは再汚染を警戒しながら、注意深く栽培を続けていかなければならない。

主な害虫

線虫類を除き、日本の果樹を加害する昆虫類は約110種あるといわれ、ブドウ特有の害虫は32種とされている。そのうち、防除が絶対に必要とされる害虫は8種類とされ、数としては比較的わずかである。

台木の項で別に述べるフィロキセラ（ブドウネアブラムシ）はブドウの強敵だが、台木に接ぎ木すれば被害はないのでここでは割愛する。ただし、150年前に全ヨーロッパを襲ったフィロキセラの大被害を知らずに、園芸店などでは、安易に挿し木て作られる自根苗が販売されているそうだから、そのうちに被害が発生する可能性が

ある。専業のブドウ栽培者は、台木を接いだ苗を利用すべきで、フィロキセラに弱い自根苗の流通があることを認識して注意を払っておく必要がある。

チャノキイロアザミウマ

別名スリップスといい、とても厄介な害虫である。成虫は肉眼でやっと見えるくらい小さい（0.8mm）。果実の表面を傷つけ、汁を吸うから、果粒、果梗に瘡蓋（かさぶた）ができて、茶褐色に汚れてしまい、ブドウは商品価値がなくなる。黄白色品種が最も目立つ。5月から収穫期まで発生を繰り返すから薬剤散布を定期的に行わなければならない。袋かけ前にていねいに散布し、早く袋をかけるといい。袋内に虫が数匹入っただけで、ひどく加害されてしまう。

クワコナカイガラムシ

これも厄介な害虫で、吸汁の後、排せつ物にすす病がつくと房の内部が黒く汚染され、商品価値がなくなる。成虫は白くフワフワしたわらじのような形をしている。樹齢が進むと太い枝の粗皮の裏側で越冬する。だから皮むきしないと、薬剤が届かない。樹皮は焼却するか園地から運び出す必要がある。この虫はブドウが大好きで、産卵すると1匹が数百匹に増えるので被害は大きくなる。休眠期に粗皮削りを励行して、越冬密度を下げないと、夏の防除が徹底できない。

フタテンヒメヨコバイ

葉裏に寄生して汁を吸うから、葉は白いかすり状になり、ブドウ樹は養分を奪われ、果実は糖分が低くなり、着色も悪くなることがある。幼虫は横に這う習性があり、ヨコバイと呼ばれるが、成虫は飛び回るので、防除散布をしないと多発する。棚を明るく保ち、風通しをよくしておく。収穫後、殺虫剤の散布を怠ると大発生しやすい。

ブドウトリバ

幼虫が果実に穴を開け、内部を食害する。房を移動しながら虫糞を出すから被害は大きくなる。成虫はブドウがつぼみの時期に

ブドウトラカミキリ（成虫）

ハダニ

飛来し、開花期頃に産卵する。落花後、有機リン剤、合成ピレスロイド剤などを散布すれば、被害はそれほど問題にはならない。成虫は6、8、9月に発生する。

ブドウトラカミキリ
ブドウの芽が吹き、新梢が伸び始めると急に萎れて枯れ始める枝がある。越冬した幼虫が枝の表皮下でぐるりと食害するので、その先が枯れてしまうのである。この虫は特に米国系〜欧米雑種の枝の味を好む。剪定で残した結果母枝の芽のまわりが黒く透けて見えるから、ナイフなどで削ると小さい幼虫が発見できる。ブドウがなる1年目の枝が枯れてしまうから被害は大きい。産卵期の8〜9月と収穫後の10〜11月頃の2回、防除散布すると被害を最小限にすることができる。無農薬栽培していると多発し、あちこちが枯れてあきらめてしまう人も多い。

コウモリガ
この害虫は5〜7cmと大きく、頭部が黒褐色で胴部は黄褐色である。主幹部の地際に被害が多く、根元に入ると環状に食害し、木は枯れてしまう。食害部は虫糞や木屑で覆われているからそれを取り除き、内部にいる虫を捕殺するとよい。針金でつつく、殺虫剤を詰めるなどの手もある。ガットサイドSを幹に塗布して地際を守ることもできる。山間地など雑木林の多い多発地域では、地際を清潔に保ち、食入期の5〜7月、園地を見回ることが大切である。

クビアカスカシバ
この害虫の発生は山つき地帯に多く、主幹部や太い枝の粗皮下が食害される。ブドウの成木では樹勢が極端に低下し、若い樹では枯死することもある。幼虫は乳白色だが、大きくなると桃紫色になり、体長は3〜4cmある。成虫はスズメバチによく似ている。登録薬剤がないから、粗皮削りをして、被害を見つけしだい、捕殺して、被害部に癒合剤を塗るとよい。
パダンSG水溶剤1500倍を幹や太い枝などにもていねいに散布すると抑制効果があるという。

ハダニ類
葉が茶褐色になるのがハダニの被害である。葉の緑色が淡くなり、にじんだような斑紋が現れる。ダニ類は種類が多いので、7月上旬頃から定期的に、薬剤を替えて、数種の殺ダニ剤を交互に散布するとよい。

ブドウハモグリダニ
葉の被害は見た目にわかりやすく、吸汁された部分は葉の表側にイボ状にふくらみが生じ、一つ一つが袋状になる。葉裏はへこんだ部分の中に毛じが密生して、褐色に変色する。葉の被害自体は栽培上、大きな問題ではないが、このダニはえそ果病のウイルスを伝搬させることがわかっており、特に巨峰系品種群にとっては重要な害虫である。休眠期防除の中では、石灰硫黄合剤20倍の散布が高い防除効果がある。

第3部　ブドウの品種・育種とブドウ産業　193

ブドウの主な生理障害

主な生理障害と対策

ブドウの病虫害は病原菌や害虫が原因で生じるが、それ以外に、ブドウは天候不順や急変に弱く、長い生育期間中にさまざまな生理障害を受けやすい。また、栽培法、施肥法などの肥培管理が不適切な場合にも障害が発生する。

ブドウにとっては穏やかな気候が望ましいが、天候の変化が厳しい気候風土の日本では、生理障害に陥りやすく、繊細なブドウは健康を損ねやすい。近年の全世界的な温暖化現象は、気候変動の振幅が激しくなる傾向が見られ、気候異変は世界各地で発生しており、日本もこの例外ではなく、苦労が多い。

縮果症

欧州系品種に発生する。甲斐路系品種は特に弱い。幼果期〜果粒肥大期（6月下旬〜7月中旬）に果粒の内部の一部が褐変し、和菓子のアンに似た黒い部分が透けて見えるような症状になり、ひどい場合はその黒い部分が壊死して陥没する。これが原因となり裂果することもある。果粒が軟化する頃になると、この発生は止まる。

よく似た生理障害に日焼けがある。これは、降雨や曇天が続いた後、急激に気温が上がり晴天になると、強い太陽光線によって果房の上部の果粒がゆでられて枯死し、その後は乾燥して果粒はミイラ化する。別名、日射病ともいう。

多くの品種に見られ、房の上に葉が少ない、明るい部分に発生するから、厚いクラフト紙のカサをかけて防ぐしかない。棚全体を葉で覆い、日焼けを防ぐ。ベレーゾン期を過ぎてから、着色をよくするような明るさに枝葉を徐々に摘心して落とし、棚を明るく管理するといい。急激な手入れは樹の生理を乱すから、過度にならないように

縮果症（甲斐路）

注意して手入れすること。

さて、縮果病の原因は長い間不明だった。徹夜してこの発生時間を突き止めた技師がいる。日の出る直前が最も発生が多かったのである。果粒内を調べると果肉細胞が破裂していた。幹に水圧計を刺して調べると、明け方に樹体の水圧が最も高くなっていた。果粒が肥大する時期は細胞分裂が激しく、細胞は未熟で弱いから、根が吸収する水分の水圧が高過ぎると破裂してしまうのである。

対策はいかに水圧を下げるかである。原因は水分が過剰だったのに、縮果は水分不足だと勘違いして灌水していたのでひどく発症してしまったのだ。基本的な対策は、発生前から行うべきである。樹勢が強い木にしないことが大切で、欧州系品種は徒長的生育をしやすいから、密植、窒素過多、強剪定を避けるのが基本である。

弱剪定して樹冠をすみやかに拡大させ、徒長的生育にならないようにする。縮果病発生期には何もしないこと。灌水、摘房、摘粒、摘心はしない。これらはすべて水圧を上げる作業だからである。発生期間が終わるのをじっと待って、発症が収まってから作業すれば安全である。

土壌管理は排水をはかり、土壌の物理性を改善する。カルシウムを施用して理想的

なpH（6.5～7.5程度）に調節し、できればカルシウムを含んでいる薄いボルドー液などを散布すると多少は発生を抑制する効果がある。

かすり症

収穫時期が近づくと、果粒表面に無数の褐色の斑点が現れて外観が悪くなり、成熟が進むと症状がひどくなる。着色系の品種では目立たないが、ロザリオビアンコのような黄緑色品種に発生すると、食味に問題がなくても外観が劣り、商品価値がなくなるため、大きな問題となる。

発生原因はまだよくわからない。低温、低日照などの天候不順の年に発生が多い。棚面が暗く、風通しが悪い園地に発生が多いことなどから、密植を避け、新梢管理をていねいに行い、棚を明るく保ち、風通しをよくするよう努めるなどの対策しかない。

筆者の体験では、シャインマスカットの父親である白南が、味は最高だったがこのかすり症がひどくてあきらめざるをえなかった品種だった。だから、かすり症は品種の癖のようなものであり、幸いなことにシャインマスカットには受け継がれていない。かすり症を遺伝子的には持っていてもそれがブロックされて、オフ状態なのではないかと想像している。

房枯れ症

ブドウが成熟期を迎える前から、穂梗、穂軸の全部、または先端部が枯死し、果粒が萎縮する症状をいう。果肉萎縮症とも呼ぶ。発生すると糖分が低下し、色素も減少し、品質低下と収量減をもたらす。特に甲州、ワイン用のカベルネソービニヨンなどに発生が多い。巨峰などにも発生することがある。

発生原因はまだわかっていない。樹勢が強く、葉色が濃い場合に発生するので、窒素肥料の過剰が原因だとの説もある。また、発生圃場の観察から、着果過多、滞水による根傷みなどがこの発生原因かもしれない

裂果（ピオーネ）

という説もある。この症状の対策としては、密植、窒素過多、強剪定を避け、樹勢を落ち着かせる栽培を心がけることが大切である。

裂果

長年育種してきた経験から、裂果は品種の特徴だと思っている。裂果しやすい品種は成熟期に雨が多ければ裂果が多発するから、商品価値はなくなり、栽培農家は無収入になってしまう。欧州種は果皮が薄く、皮ごと食べられるが、非常に裂果しやすい品種が多い。リザマートはその典型的品種で、露地栽培しているが、裂果しない年など20～30年に一度くらいしかない。味は最高の品種だから、1本だけ栽培している。裂果した部分は果肉が外気にさらされ、果汁が漏れ出し、灰色カビ病などが発生する。放任しておくとその果汁が垂れて、房全体にまわり、腐ってしまう。

甲州、マスカットベーリーAは果皮が強く、ほとんど裂果しない。デラウェア、キャンベルアーリーなどの米国系品種は裂果が少ないが、密着房は粒が押し合って物理的に裂果することがある。巨峰系品種群は、ときに裂果することがある。

粒張りをよくしようと灌水し、多量に施肥して窒素過多にすると、降雨の多い年には裂果が多発する。藤稔は5～6年目の樹勢が強い若木時代に裂果が多いが、成木になり樹冠が拡大して落ち着くと裂果はおさまる。フルメット処理すると果粒は肥大し

て商品価値は高まるが、裂果するリスクがあるのでジベレリン処理のみにするなど、注意が必要である。

欧州種でもマスカットオブアレキサンドリアは果皮が厚く強いので、裂果が少ないから、その子孫品種のネオマスカット、甲斐路、ロザリオビアンコ、シャインマスカットなどはめったに裂果しない。

縮果病と同じく、裂果も密植、強剪定、窒素過多が最も危険な栽培法であり、裂果しやすい品種の場合は、粗植にして樹を十分に広げ、樹勢を落ち着かせることが基本的に大切である。灌水は乾燥したらこまめに行い、土壌水分を一定に保たせるのがよく、急激な水分変化を避ける注意深さが必要である。窒素肥料は即効性のものを使い、鶏糞などの有機物は遅効性で成熟期まで分解が終わらないから裂果性の品種に使うのは危険である。

大粒なブドウは見た目にはよいが、常に裂果の危険がつきまとい、糖度が低く、味わいにこくがなくなる。食べてそのおいしさに感動するブドウは、通常の大きさのブドウであり、無理やり大粒にしたブドウではないのである。

穂軸肥厚症

果粒が肥大してベレーゾン期に入る前の頃、副穂の切除部付近が異常に肥大してふくらむ症状をいう。「軸ぶくれ」とも呼ばれる。ひどい場合は栄養分の通導が阻害され、着色不良、糖分の上昇が止まるなど、果実品質が低下する。欧州種のマスカットオブアレキサンドリア、ロザリオビアンコ、甲斐路などに発生することが多い。

原因は不明だが、オーキシンの異常蓄積との説もある。多発園は、排水不良、強樹勢、過繁茂で棚が暗い傾向があり、これも、密植、窒素過多、強剪定の弊害かもしれない。間伐して樹冠の拡大をはかり、棚面を明るくすると発生は少なくなる。

欠乏症と過剰症

ブドウでは、マグネシウム、ホウ素、窒

ホウ素欠乏症（アン入り果）

ホウ素欠乏（葉が丸くなり、斑点が生じる）

素、カリ、マンガンなどの欠乏症が知られている。過剰症はあまり見られない。欠乏症は葉の光合成能力が低下するため、果実品質、収量の低下などが発生するので、対策が必要になる。

欠乏症は土壌中の含有量が少ない場合と、十分にあっても、土壌pHが適正でない場合は根が吸収できなくなる場合がある。また、乾燥して水分不足の場合、逆に水分過剰で根が酸素不足になって活動が低下する場合などでも発生する。問題がある場合は、土壌分析して、指導機関などから施肥量のアドバイスを受けるとよい。

マグネシウム欠乏症

開花期以降に葉の葉脈の間が黄色くなってくる。新梢の基部の葉から黄色化してくる。巨峰系品種に症状が現れやすい。

枝が徒長すると、枝の先端部にマグネシウムが移行するから、早めの摘心が必要である。土壌中にマグネシウムが十分含まれ

窒素欠乏

マンガン欠乏症

ていてもカリの施用量が多いと拮抗作用で欠乏症が発生する。カリの施用を控え、マグネシウムを施用するか、葉面散布を行うこともある。樹勢が落ち着けば、症状は軽くなってくる。

ホウ素欠乏症

生育初期から新梢先端の葉に黄色い斑点が生じ、葉は小さく丸くなり、奇形化する。結実が不良になり、果粒内にアンが入り、アン入り果、石ブドウと呼ぶ症状が現れる。土壌中にホウ素があっても、乾燥がひどいと吸収できず、欠乏する場合もあり、新根を傷める深耕を避け、4～6月の生育期には定期的灌水を行う必要がある。ホウ素は過剰に施用すると、過剰症になることもあり、ホウ素のみの施用には注意が必要で、葉面散布するほうが安全である。

窒素欠乏

通常のブドウ用肥料を施肥していればめったに欠乏はしない。欠乏すると葉色が黄色くなり、新梢が伸びなくなる。全体的に樹の活力が低下してくる。土壌の乾燥、降雨による流亡、雑草との養分競合などで欠乏が発生する。

尿素など即効性の窒素肥料を施肥して灌水すればよい。葉面散布も効果がある。葉の色を常によく観察していれば、早めの対応ができる。

カリ欠乏

生育の初期に新梢基部の葉が白黄色になり、その後、葉脈間に斑点状の白黄斑が生じ、しだいに褐色化する。重症になると葉焼け状に葉の縁が壊死する。樹勢が低下するので、果房の生育は遅れ、果粒も小さくなる。

ふつう、カリ欠乏は施肥していればほとんどない。欠乏するのは、土壌中にあっても窒素過多、結果過多、根の障害などによってカリが吸収できなくなる場合が多い。施肥する場合、硫酸カリ、塩化カリでもいいが、有機質肥料にもカリが含まれているので、いい土づくりを続けることで解決する。

マンガン欠乏症

この欠乏症はデラウェアが特異的に発症しやすい。2種類の着色障害が現れ、ツートンカラーは果房の下部が青いままで上部のみ着色するのでそう呼ばれている。もう一つはゴマシオと呼ばれる。着色した粒と青いまま着色しない粒が混在する症状である。他の品種には明確なマンガン欠乏は発症しない。

発症園地は土壌pHが高く、マンガンがあっても吸収できない場合と、火山灰土で徒長的伸長をする場合、結果過多などで発症する。

対策は2回目のジベレリン処理のさい、100倍に希釈した硫酸マンガンを浸漬処理するとよい。葉面散布も効果がある。長期的には土壌pHを適正に保ち、石灰の施用に注意することが必要である。

第3部 ブドウの品種・育種とブドウ産業 197

ブドウの主な気象災害

主な気象災害と対策

1959年9月の伊勢湾台風でネオマスカットを栽培していた50 a のブドウ園が全壊し、水没してしまった。棚下にいた父と私（当時19歳）は命からがら棚を乗り越えて脱出した。東海地方では死者が5000人を超え、歴史に残る大被害だった。気象災害の恐ろしさをつくづく実感した。59年後の今でも鮮明に記憶している。以下に主な気象災害とその対策について述べよう。

凍干害

凍害を受けると、発芽の不揃い、芽枯れ、結果母枝の枯れ込みなどの被害があり、ひどい場合は主幹に亀裂が入って大木が枯死することがある。

結果過多で貯蔵養分が欠乏している樹、徒長的な生育をした欧州系の若木などは凍害を受けやすい。春先の戻り寒波は、自発的休眠から醒めて耐寒性が低下しているので、凍害が発生する。マイナス10℃以下の寒さになると凍害を受けやすい。雪の下にブドウ樹を埋めておくと防寒できるが、根雪がないと欧州系品種は凍害の危険性が高まる。凍結層ができる前に灌水し、敷きわらをして幹の周囲を守り、幹にわら巻きをして防寒するとよい。

台風

棚は強風に強く、ブドウの房も軸が強く、風にはよく耐えるが、台風に直撃されると被害は甚大になる。ビニールは風には弱いので巻き上げて固定したほうがいい。防風ネットは一定の効果はある。垣根栽培は横風に弱いので、支柱などを点検し、補強が必要である。台風が去った後、枝を再度誘引し、打撲を受けた房、粒を摘粒し、ていねいに補修して防除散布するとよい。

雹害

雹害は時期によっては甚大な被害を及ぼ

雹の被害

すが、雹の通り道が限られており、産地が全面的に降雹害を受けるという事例は少ない。ただし、収穫直前になると果粒が軟化しており、雹に当たったブドウの片面が傷つき、売り物にならなくなってしまうから怖い。枝葉も損傷を受けるから、薬剤散布し、新梢を摘心し、被害果を落とし、被害園地を見回って確認する。

大雨

成熟期の直前に大雨があると裂果が発生する。特に高温乾燥が続いた後の降雨が怖い。極端な乾燥が続いている場合は、ある程度は灌水して土壌水分を一定にしておくほうがいい。最近はゲリラ豪雨などが頻発している。栽培面積の2分の1程度は被覆栽培にして、雨の多い年の安全性を考慮しておくことをすすめたい。裏日本など、雨量の多い産地では、ほとんどが被覆栽培ブドウだと聞いている。

大雪

山梨県は通常、雪が少ないが、4～5年前、一夜で1mを超える例外的な大雪に遭遇し、ハウス栽培ブドウが大被害を受けた。あらかじめ加温を始めていた少数のハウスは助かったが、おおかたのハウスは倒壊してしまった。剪定作業が遅れていた棚も潰されてしまった。剪定は早めに完了させておくべきである。特にハウス栽培では補強に万全を期す必要がある。

植物生長調節剤による種なし化

種なし化の取り組み

　最近のブドウは、種なし品種が多くなっている。これはジベレリンという植物ホルモンが多くのブドウの種なし化を実現させたからである。ジベレリンは稲が異常に伸びる馬鹿苗病から抽出された植物ホルモンで、1926年に台湾の農業試験場にいた日本人の黒沢英一が初めて発見した。このジベレリンは植物の生育促進、開花促進、単為結果（受精が行われずに果実をつける）の誘起、果実の肥大促進、熟期の促進、花流れの防止、落果防止など、数々の生理作用があり、当時、多くの農業関係の研究者が実験を重ねていた。

　1958年に、山梨県果樹試験場がデラウェアの房をジベレリン処理して伸長させ、密着房を粗着にすれば裂果が防止できると思い実験してみた。すると偶然、種が抜けて小粒の種なしになってしまったのである。次年に小粒になった種なし房の粒を大きくしようと開花前と開花後の2回の処理をしたところ、果粒はジベレリンの効果で種ありの粒の大きさに肥大して、しかも早熟化し、種なし化にみごと成功した。

　デラウェアのジベレリン2回処理による種なしブドウは消費者に喜ばれ、あっという間に全国に普及して大ブームになったのである。1970年にはデラウェアが全ブドウ栽培面積の36％を占め、人気はピークに達した。

　市場に流通しているデラウェアは現在ではほとんどすべてが種なしであり、庭先の趣味栽培では無処理の種ありがあるかもしれないが、今の消費者の多くはデラウェアをもともと種なし品種と思っているのではないだろうか。

　もともと種のないブドウ品種は存在する。欧州種で有名なのはトムソンシードレス（黄緑色）といい、英語のシードレスは種なしの意である。他にもモヌッカシードレス（ロシア、黒色）、ヒムロッドシードレス（米国、黄緑色）などがある。欧州種のトムソンシードレスはトルコ、カリフォルニアなどで大規模に栽培されていて、皮ごと食べられ、種がないから生食用にもなり、レーズンの原料ブドウとして最適である。

　中国では新疆ウイグル自治区のトルファンが大産地で、無核白（ウーハーパイ）と呼ばれていて、日陰干しした薄緑色のレーズンになる。しかし、この品種は果皮がきわめて薄いから雨の多い日本では裂果してしまう。裂果すると果実はみんな腐ってしまうから、この種なしブドウの栽培は日本では不可能なのである。

　さて、ブドウは他の果物と同様に、生産過剰になると価格が下がり始める。デラウェアも例外ではなかった。一品種が全体の30％を超えると価格は下がり始めるという経験則がある。その頃、小粒のデラウェアにたいして、大粒の巨峰の栽培技術が確立して普及してきた。栽培の難しかった巨峰はついに1994年にデラウェアを抜いてブドウの栽培面積第1位になったのである。これにはジベレリン処理による巨峰の種なし化の普及が関係している。

大粒種なしブドウの量産国に

　不思議なことに巨峰の種なし化技術は誰が初めて成功したのか文献が見当たらない。デラウェアのジベレリン処理は2回とも100ppmの濃度で行う。巨峰の場合は25ppmで2回行うのである。しかも1回目の処理時期は満開〜満開直後がよく、開花14日前に行うデラウェアとは処理濃度も処理方法も異なっているのである。

　私が聞いている話では愛知県豊橋市のブ

ドウ栽培農家が巨峰の種なしを市場出荷し始めたという情報がある。文献が見当たらないのは、栽培農家の試行錯誤した研究が成功した、いわゆる篤農家の技術だったからかもしれない。

巨峰の種なし化技術はたちまち全国の巨峰栽培農家に伝わり、後れをとったのは大産地の山梨県や長野県だった。巨峰より大粒で品質もいいピオーネにも同じ方法でジベレリン処理すると、これも種なしになることがわかり、さまざまな巨大粒品種にこれを試してみた。すると、ほとんどの巨峰系品種群が種なしになったのである。

巨峰を初めて種なしにした人の貢献度はこのようにデラウェア以上の大発見なのであるが、誰なのかいまだにわかっていない。ゴルフボール大の粒になる藤稔も種なしになり、今や日本は世界一大粒の種なしブドウの量産国になっているのである。

参考までにジベレリン処理の目的と方法を表3に示しておく。

シャインマスカットの登場

現在、ブドウ界は国が育成したシャインマスカットの人気に沸いている。2006年に登録されてから爆発的に普及し始め、2014年の統計では683haの栽培面積に達し、主要品種の巨峰、デラウェア、ピオーネに次いで瞬く間に第4位になった。今も破竹の勢いで増えている。

全国農業新聞に日本の果物全品種のランキングが毎年発表されているが、ブドウのシャインマスカットが連続トップである。この人気は、品質が高く、味がいいこと、皮ごと食べられること、肉質がいい、種がないこと、マスカット香があること、大粒、大房で美しく、外観が抜群なこと、病気に強く、栽培が容易なことなど、すばらしい品種なのである。

欧州種の外観だが、この品種にはスチューベン（欧米雑種）が少し入っていて、巨峰とほぼ同じジベレリン処理で種なしに

なるのである。ただし、完全に種なしにするには、1000倍に希釈したアグレプト液剤（ストレプトマイシン含有）を開花前に処理するとよく、使用についても登録許可されている（表4）。

ジベレリン処理と同様に、アグレプト液剤、フルメット液剤が使用可能になっている（表5）。アグレプト液剤はジベレリンだけでは十分に種が抜けない品種、たとえば藤稔などにも使われている。

フルメット液剤は細胞分裂の促進、細胞伸長の促進、単為結果の誘発、着果の促進、細胞の老化防止などの作用があり、ブドウの粒を肥大させる効果が大きい生長調整剤である。

ただし、粒が大きくはなるが、糖度を高める効果はないので、肥大した粒は増量したぶんだけ糖度は下がってしまう。見た目は大粒でりっぱに見えるが、味は淡白になるわけだから、フルメットはあまり濃い濃度で処理すると評判を落としかねない。それに粒が大きくなるということは果皮が薄くなるわけで、息を吹き込んで風船をふくらますようなものだから、破裂しやすくなると同じで、ブドウも裂果の危険性が高まる。

フルメットの5ppmは、濃度が高過ぎる。2～3ppmにして、房数、粒数を調節し、フルメットの肥大したぶんだけ収量制限すれば、糖度の高い、最高品質のブドウを供給することができる。

なお、表3、表4、表5は『図解よくわかるブドウ栽培』小林和司著（創森社）による。液剤などの使用にあたり、品種、樹勢、栽培環境などを十分に勘案し、それぞれの説明書などをもとに濃度の調整などに細心の注意を払い、適正に使用していただきたい。

表3　ジベレリン処理の目的と方法

使用目的	品種・グループ	1回目		2回目	
		使用時期	濃度	使用時期	濃度
無種子化・果粒肥大促進	2倍体米国系品種（ヒムロッドシードレスを除く）	満開予定日14日前	100ppm	満開後約10日後	75～100ppm
	2倍体欧州系品種	満開～満開3日後	25ppm	満開10～15日後	25ppm
	3倍体品種（キングデラ、ハニーシードレスを除く）	満開～満開3日後	25～50ppm	満開10～15日後	25～50ppm
	巨峰系4倍体品種（サニールージュを除く）	満開～満開3日後	12.5～25ppm	満開10～15日後	25ppm
果粒肥大促進（有核）	2倍体米国系品種（キャンベルアーリーを除く）	使用時期		濃度	
		満開10～15日後		50ppm	
	2倍体欧州系品種（ヒロハンブルグを除く）	満開10～20日後		25ppm	
	巨峰、ルビーロマン、ハニービーナス	満開10～20日後		25ppm	

＊平成25年4月現在の適用表から抜粋
＊下記の「品種による区分」に記載のない品種にたいしてジベレリンを初めて使用する場合は指導機関に相談するか、自ら事前に薬効薬害を確認したうえで使用すること。
2倍体米国系品種：「マスカットベーリーA」「アーリースチューベン（バッファロー）」「旅路（紅塩谷）」
2倍体欧州系品種：「ロザリオビアンコ」「ロザキ」「瀬戸ジャイアンツ」「マリオ」「アリサ」「イタリア」「紫苑」「ルーベルマスカット」「ロザリオロッソ」「シャインマスカット」
3倍体品種：「サマーブラック」「甲斐美嶺」「ナガノパープル」「キングデラ」「ハニーシードレス」
巨峰系4倍体品種：「巨峰」「ピオーネ」「安芸クイーン」「翠峰」「サニールージュ」「藤稔」「高妻」「白峰」「ゴルビー」「多摩ゆたか」「紫玉」「黒王」「紅義」「シナノスマイル」「ハイベリー」「オーロラブラック」

表4　アグレプト液剤の使用目的と使用方法

作物名	使用目的	希釈倍率	使用液量（ℓ／10a）	使用時期	本剤の使用回数	使用方法	ストレプトマイシンを含む農薬の総使用回数
ブドウ	無種子化	1000倍（200ppm）	200～700	満開予定日の14日前～開花始期	1回	散布	1回
			30～100			花房散布	
						花房浸漬	
			—	満開予定日の14日前～満期期		花房浸漬（第1回ジベレリン処理と併用）	

注：2015年10月31日現在の登録内容

表5　フルメット液剤のブドウの品種区分における無核栽培の適用内容 （2016年3月現在）

主な品種		使用目的	使用濃度 (ppm)	使用時期	使用方法
2倍体米国系品種	マスカットベーリーA、アーリースチューベン（バッファロー）、旅路（紅塩谷）など	着粒安定	2〜5	満開予定日約14日前	ジベレリン加用花房浸漬
		果粒肥大促進	5〜10	満開約10日後	ジベレリン加用果粒浸漬
	デラウェア① （露地栽培）	着粒安定	2〜5	開花始め〜満開時	花房浸漬
			5		花房浸漬
		果粒肥大促進	3〜5	満開約10日後	ジベレリン加用果粒浸漬
			3〜10		ジベレリン加用果房散布
		ジベレリン処理適期幅拡大	1〜5	満開予定日18〜14日前	ジベレリン加用花房浸漬
2倍体欧州系品種	瀬戸ジャイアンツ、ルーベルマスカット、シャインマスカット、オリエンタルスター、ジュエルマスカット、サニードルチェなど	着粒安定	2〜5	開花始め〜満開前または満開時〜満開3日後	花房浸漬
					ジベレリン加用果房浸漬
		果粒肥大促進	5〜10	満開10〜15日後	ジベレリン加用果房浸漬
		無種子化・果粒肥大促進	10	満開3〜5日後（落花期）	ジベレリン加用花房浸漬
		花穂発育促進	1〜2	展葉6〜8枚時	花房散布
3倍体品種	サマーブラック、甲斐美嶺、ナガノパープル、キングデラ、ハニーシードレス、BKシードレスなど	着粒安定	2〜5	開花始め〜満開時または満開時〜満開3日後	花房浸漬
					ジベレリン加用花房浸漬
		果粒肥人促進	5〜10	満開10〜15日後	ジベレリン加用花房浸漬
巨峰系4倍体品種	巨峰、ピオーネ、安芸クイーン、翠峰、サニールージュ②、藤稔、ゴルビー、ブラックビート、クイーンニーナ、シナノスマイル、陽峰、紫玉、高妻など	着粒安定	2〜5	開花始め〜満開時	花房浸漬
				または満開時〜満開3日後	ジベレリン加用花房浸漬
		果粒肥大促進	5〜10	満開10〜15日後	ジベレリンに加用または単用で処理　果房浸漬
		無種子化・果粒肥大促進	10	満開3〜5日後（落花期）	ジベレリン加用花房浸漬
		花穂発育促進	1〜2	展葉6〜8枚時	花房散布

注：①デラウェアの施設栽培における着粒安定の登録は、開花始め〜満開時にフルメット5〜10ppm花房浸漬となっている
　　②サニールージュは着粒密度低減・果粒肥大促進の登録があり、開花予定日20〜14日前にフルメット3ppmをジベレリン25ppmに加用して処理する

品種改良とブドウ産業振興

日本のブドウ産業の歴史、主要品種の推移などについて述べてきたが、まとめとして、これからの展望について考えてみたい。

ブドウ産業伸長のために

戦後、奇跡的な復興を遂げた日本経済も高度成長期が終わり、バブル崩壊後、平成時代の30年間は経済が停滞し、デフレが続き、ブドウ産業のみならず、果樹産業全体の消費量は低迷している。農家は高齢化、後継者不足が続いている。社会全体が少子化、高齢化し、これからの日本は人口が減少し始める。働き盛りの世帯の果物消費量は特に低く、今後の消費が増えることはあまり期待できない実情である。ブドウ栽培面積はこの30年間で最盛期の50％近くまで減少してしまった。

この低迷期に元気を与えてくれる新品種が登場した。国が育成したシャインマスカットである。味がよく、香りがよく、種なしで皮ごと食べられ、九州から東北まで栽培でき、作りやすい。雨が多い日本の気候下で栽培に成功したシャインマスカットは育種の可能性を示した好例である。見た目はまったく欧州種と変わらない高級感があるのに、わずかに入った米国種の遺伝子が、病気に強く、裂果もしない品種のもとになった。

シャインマスカットはすべての果物品種の中で連続トップの人気を維持している。経済は低迷しているとはいえ、日本人の生活水準は世界のトップクラスであり、人々の感性は鋭いから、おいしいものにはしっかりと反応してくれるのである。

品種改良の新たなステージ

シャインマスカットの次に人気ある品種は長野県のオリジナル品種のナガノパープルである。見た目は巨峰と変わらないが、皮ごと食べられることからヒットした。この2品種のおかげで、消費者の嗜好は欧州人並みになり、ブドウは皮ごと食べるものだ、という認識が定着していくだろう。品種改良は新たなステージに入ったと思われる。いずれ、ほとんどの消費者が皮ごと食べられるブドウしか食べない時代がくるだろう。

育種は、シャインマスカットの大ヒット以後は、消費者が皮ごと食べられる、裂果しない、種なしの品種にしか手を出さなくなるから、これからは既存の品種に薄い果皮の品種を交配して、同じように、皮ごと食べられる品種に改良していく方向しかない。そして、シャインマスカットを片親に使えば、それは比較的簡単だということもわかってきている。

私もシャインマスカットを親にして、ロザリオロッソ、ジーコ、赤嶺などを交配して、白、赤、黒のシャインマスカット・ジュニアを育成できた。すでにあちこちの民間育種家、各県の農業試験場などがそういう方向で育種に挑んでいて、シャインマスカット・ジュニアの戦国時代が始まっている。

日本経済が低迷期を乗り越え、力強い成長をするようになってくれることを望むが、グローバル世界は不安定で、これからどうなるか、それはわからない。しかし、すばらしい品種が生まれると需要は高まる。近隣諸国、東南アジア諸国に輸出しても人気を博しているシャインマスカットがますます伸びてきているのを見ると、希望がわいてくる。この育種は他産業でいう、画期的な新商品の開発だったのである。そして、このような魅力的な新品種が未来を拓く。純粋欧州種を越えるすばらしい品種群は可能である。それを求めてがんばりたいものである。

日本ワインの展開

　日本のワインの消費は、堅調に伸びている。ワインは都会の若者、とりわけ女性に人気があるようである。日本ワインの品質が向上してきたとマスコミがよく伝えてくれている。ワインの話題は文化の香りがあるようで、ワイン産業はその動きが公表される機会が多く、これは業界にとってはありがたいことである。最近は、新規の小規模ワイナリーが次々に旗揚げして、全国的な広がりになり、今や300社を超える勢いで増えている。

　ところで、伸びつつある国内のワイン消費のうち、輸入ワインの比率は高く、70％は海外ワインである。国産ワインは約30％であるが、その原料の多くが実際には海外から輸入された濃縮ジュースなどに頼っており、純粋の日本ワインはまだ3〜4％に過ぎない。

　ワインが伸びているとはいえ、ワイン用品種の主体は、白ワイン用は甲州種、赤ワイン用はマスカットベーリーAが主要品種であり、欧州系のワイン専用種は伸びつつあるが、まだまだ米国系品種の割合が多く、ブドウ栽培の拡大には課題が多い。

　今後の展開を考えると、生食用と同じく、高温多湿な日本の環境下で容易に栽培できて、しかも世界のワインの品質に肩を並べることができ、日本の風土や個性をも表現できるワイン専用品種を育成し、独自性を生かした日本ならではのワイン造りを目指して努力してゆく必要がある。

　古来、ワインは日本には存在していなかった。だから導入期には、模倣することからスタートするしかなかった。ところがこの国は単なる模倣では終わらない。ワインの文化的な価値を知って本質に迫ると、どうなるか。そのうちに、どこの国のワインとも違う、独自の個性をもった日本ワインを目指すようになる。しかも、それぞれの産地で、他にはない独自性を求め始める。

醸造用のタナー（欧州種）

その究極は芸術作品と同じレベルなのである。ゴッホの絵はゴッホの個性の表現である。それとまったく同じで、ワインは、その土地風土と造った人とが、合作した芸術作品なのである。ただし、それはそれほど簡単なことではない。

試行錯誤のワイン生産

　たとえば、ワイン生産の最高峰であるフランスでさえも、どこでも誰でも最高のワインを造るわけにはいかない。ある限られた地域の、限られた土地で伝統を守り、数百年間の努力を続け、名声を得た産地が世界的に評価されているのである。欧州の歴史を見てみると、ブドウ栽培、ワイン生産が滅んでしまった産地のほうが圧倒的に多いのである。

　生食用のブドウは、食べておいしければすぐわかる。産地の評価にそれほど長い時間はいらない。しかし、ワインに関しては、長い試行錯誤の時代が必要な産業なのである。ブドウ品種の育種から始まり、栽培、醸造、貯蔵、熟成、ワインの評価と、それは長い時間を必要とする。

　挑戦しがいはあるが、リスクも高い。流行とかブームとかに踊らされず、信念を持ってワイン造りに挑戦する必要がある。そして、そうした困難があればあるほど、めげずに立ち向かい、それに耐える資質をわれわれはなぜか持っている不思議な国民だ、と私は思っている。

◆ブドウ・ワイン関連の用語解説

（五十音順）

あ行

亜主枝：主枝から分岐する骨格枝。整枝剪定の骨格を形成する。

栄養生長：新梢や根などの栄養器官の生長。（→生殖生長）

ヴィノス香：欧州種特有の香り

腋芽（えきが）：葉の基部に形成される芽。内部で翌年の葉芽や花芽を形成する。

枝変わり（品種）：枝が突然変異を起こしたもの。変異によって生まれた品種。

か行

塊状（かいじょう）：果粒の肉質の特徴の一つで、プルンとしてなかなか嚙み切れない肉質。（→肉質）

花芽（かが）分化：花芽を形成する過程。ブドウでは新梢の腋芽（えきが）内に形成される。花芽は「はなめ」ともいう。

花穂（かすい）：長い軸に花がついたもの。花穂は開花までの呼び名で花房ともいう。結実後は果穂（果房）と呼ぶ。

花冠：通常の植物で花弁にあたる部分。ブドウでは展開せず、離脱する。離脱しないと花かすとなり、灰色カビ病の発生源になる場合がある。英語ではキャップという。

活着：接ぎ木した穂と台木の組織が融合し、養水分が流動し、芽が伸び、根も伸びること。接ぎ木した苗木の成功率を活着率という。

果粉：成熟するとブドウ果粒の表面に形成されるロウ物質のこと。水滴を弾いて果粒を守る。英語でブルームという。

花柄（かへい）：花後の果実を支える果梗（かこう）。

果房：穂軸に果粒が集まって構成された房。ブドウでは果実そのものをいう。

果粒：果房を構成する、一粒一粒の果実をいう。

果粒（果実）肥大期：果粒の発育は三つの段階に分けられ、第Ⅰ期は間花後 30 〜 40

日間の果粒が急速に肥大する時期。最初の2週間は細胞分裂が盛んで、最終的な細胞数が決まる。第Ⅱ期は第Ⅰ期後の2〜3週間。果実肥大は緩やかだが胚が発達し、種子が硬化するので硬核期ともいう。第Ⅲ期は第Ⅱ期終了から成熟までの期間。果粒は急激に肥大し、軟化する。

気孔：葉裏や果粒の表皮にある小さな穴状の器官。光合成や呼吸のさいにガス交換を行う。

貴腐ブドウ：よく熟した果房にボトリティスシネレアという灰色カビ病菌が繁殖し、果皮のワックスが溶かされ、果房の水分が蒸発して糖度などが濃縮されたブドウ。

休眠期：冬の間、落葉して生長を停止していること。

切り返し剪定：結果母枝や旧年枝を主幹に近い部位まで切除すること。樹冠を広げ過ぎないために行う。

結果枝（けっかし）：花芽が伸び、花房（果房）のついた新梢。

結果習性：新梢上に花芽が形成され、開花し、結実する果実が着生する状態の総称。

結果母枝：剪定して翌年のために残す枝。春になるとこの枝から新梢が伸びて果房がつく。（→新梢）

結実：果粒が着生することで、実止まりともいう。

光合成：葉が太陽光を利用して、水と炭酸ガスから炭水化物を合成する作用。ブドウの糖分は葉が行うこの作用で高まる。

混芽（こんが）：混合芽。発芽すると、一つの芽の中から花と葉の両方が出てくるもの。

さ行

散光着色品種：果実に直接太陽光が当たらなくとも、一定の明るさがあれば着色する品種。白い紙袋内でも着色する。（→直光着色品種）

施設栽培：ガラス温室やビニールハウスなどで環境条件をコントロールし、作物が生育しにくい場所で生産を安定させる栽培方式。ブドウでは、総栽培面積の約 30％で

205

施設栽培が行われているという。栽培型は加温、半加温、無加温の三つに区分される。

ジベレリン処理：ジベレリンは人体に害がないといわれる植物ホルモンの一種。デラウェアなど種なし果実（無核果）の生産、および果粒肥大などを促進するために使用される。

種苗法：品種育成者の権利保護や優良な品種育成を促進するため、品種登録後の一定期間（現行は30年間）、種苗の生産、流通、販売などを規制する法律。

主芽（しゅが）：本来は最初に腋芽内に分化した芽、春先最初に発芽する中心の大きな芽で、その両脇に副芽がある。

主幹：地際から主枝を分岐するまでの幹となる部分。主幹部ともいう。

樹冠：新梢あるいは結果母枝が棚面を覆っている範囲。整枝法により形はさまざまで、円形に近くなることもあり、長方形になることもある。

主枝（しゅし）：主幹から分岐させた基本骨格となる枝。整枝法により2〜4本になる場合が多い。

受精：受粉した花粉が発芽し、その核が胚のう内の卵核と結合すること。やがて果粒は肥大して果粒内に種子を形成する。

樹勢：樹の勢い、勢力（樹勢が強い、弱い、などと表現する）。

蒸散：植物体内の水分が大気中に排出される現象。

ショットベリー(小粒果)：結実しているが、正常に肥大しない果粒。結実しないと花は自然に落下するが、ショットベリーは成熟期まで房内に残るから、房の外観を損ねる。ハサミで切り落とさなければならず、やっかいである。

新梢：その年に伸長した緑色の枝。ブドウは新梢に花芽があり、果房がなる。秋には褐色になって登熟し、霜にあうと落葉する。剪定して残された枝は、翌年の結果母枝になる。（→結果母枝）

生殖生長：植物が次世代を残すために、花芽分化、開花、受精、結実、成熟し、種子を形成する生長過程。（→栄養生長）

整房（せいぼう）：花振るいの防止や果実の形を整えること。

成木（せいぼく）：おおむね植えつけ6〜10年目以降の木。果実の品質、収量が安定する時期になった木。（→幼木、→老木）

側枝（そくし）：主枝、亜主枝から発生させ、結果部位を構成する枝をいう、剪定のための用語。成木では順次更新して、果実をならせる。

た行

台木（品種）：苗木生産において、穂品種を接ぎ木する台になる品種で、ブドウではフィロキセラ（ブドウネアブラムシ）抵抗性の台木が利用されている。（→穂木）

地力：作物の生産に関係する土壌の化学的、物理的、微生物的な要素の総称。地力が高いほど生産力が高いとされる。欧州ブドウはやせた石灰岩の多い土壌に耐える植物だから、地力が高過ぎると樹勢が強過ぎて、難しい面がある。

着粒：果房に粒が着生した状態。開花期の天候、樹勢、品種間差異などに左右され、ブドウでは花流れなどが生じやすく、重要な生理的課題である。

直産雑種：根はフィロキセラ（根アブラムシ）抵抗性を持ち、果実はワイン用になる品種を目指して台木とワイン用品種を交配させた雑種を直産雑種（フレンチハイブリッド）と呼ぶ。フランスのセイベル氏はセイベル9110など、1万種以上を作出した。

直光着色品種：果実に直接太陽光線が当たらなければ着色しにくい品種。甲斐路など、赤色種に多い。（→散光着色品種）

摘心（摘芯）：新梢の先端を切除すること。新梢の伸長抑制や結実確保を目的に行う。放任した枝は伸び過ぎて栄養の無駄使いになり、ブドウの夏季管理では最重要作業である。

摘粒：裂果防止、果房の外観確保のため、労力を最も要する作業。密着した果粒を除去し、粒を揃え、粒の配置を整える作業で、ほとんどの生食用ブドウでは必須作業である。

展着剤：農薬などの植物への付着を向上さ

せるために混用される界面活性剤などの薬剤。

展葉：幼葉が開いた状態。展葉期からの葉の枚数が生育ステージの目安に使われる。

登熟：ブドウでは、新梢が褐色化し、木質化する現象。管理不足、日照不足などで枝の貯蔵栄養が足りないと、登熟不良を生じ、凍害を受けやすく、翌年の発芽、生長に悪影響を及ぼす。

徒長枝（とちょうし）：非常に強勢な生長をする枝。樹形を乱し、翌年の萌芽が揃わない。剪定が強過ぎると徒長しやすい。施肥過多、灌水過多も原因。摘心作業で抑制するといい。

な行

肉質：ブドウの食感を決める果皮と果肉の性質。米国種は塊状が多く、果皮と果肉が分離して果肉が噛み切れない。欧州種は崩壊性といい、果皮と果肉が分離せず、果肉はサクサクして噛み切れる。欧米雑種はその中間で、果皮と果肉は分離するが、肉質は両者の中間になる。肉質の硬さや噛み切りやすさは微妙な品種間差異がある。（→塊状）

は行

倍数性：ある生物の基本となる染色体数が近縁の種、品種などにおいて増減があること。ブドウの染色体の基本数は19であり、2倍体は38、3倍体は57、4倍体は76の染色体数をもっていることになる。

剥皮（はくひ）性：果皮と果肉の分離しやすさの度合い。果皮が剥きやすいことを剥皮性がよいと表現する。

花振るい性：開花しても受粉、受精しないで落花する現象。開花期の低温や降雨、栄養不良、花器の不完全などの理由によって起こる性質。花振るいを花流れともいう。

微量要素：生育に必要な元素の中で、微量だが、なくてはならない元素。マンガン、ホウ素などがブドウでは重要。

フォクシー香：米国系ブドウのナイヤガラ、コンコードなどに代表されるラブラスカ種のフォクシーフレーバー、狐臭（こしゅう）といわれる特有の甘い香り。主成分はメチルアンスラニレート。フォクシー香はブドウ、ワインにキツネの香りがあるのではなく、キツネがラブラスカ種のブドウを好んで食べたことに由来しているとか、フォックスという人が関与していたとかなどの通説がある。ラブラスカ香、ラブルスカ香とも呼ばれる。

副芽：一つの節から複数の新梢が発生した場合、中心の主芽の脇の小さな芽。左右から発生することもある。通常は芽かきしてしまうが、霜害のさいにはスペアとして木を助ける芽。

副梢：生育期に新梢の節の枝と葉の間から発生する芽。新梢の先端が折れるとこれが替わりに伸びる。通常は、数枚葉を残して摘心する。房の上の副梢は元から切除して房に日を当てる。

房作り：花穂が長く大きい品種は、副穂や支梗を切除し、房尻を切り詰め、花穂の形状を整える。品種間差異があるので、主要品種などのマニュアル（図や写真）を参照すること。

不定芽：結果母枝の芽以外の部分から発生する芽。幹や旧年枝の節部から発生する。通常は芽かきする。

ブリーディング：地温の上昇により、根が水分を吸収し、幹や枝に送られ、切り口から樹液が浸み出ること。溢泌（いっぴつ）ともいう。

ベレーゾン：果粒が肥大して、硬い果粒が透明感を持ち、緑が薄くなり、水分を吸収して果肉が軟らかくなる時期をいう。「水がまわる」という。この後すぐに着色品種は着色が始まる。この時期をベレーゾン期と呼ぶが果粒軟化期、水まわり期ともいう。（→果粒肥大期）

崩壊性：果粒の肉質の特徴の一つで、塊状とは逆によく噛み切れる、硬めの肉質。（→肉質）

穂木（ほぎ）：接ぎ木を行うさい、育成する品種の枝をいう。（→台木）

207

ま行

巻きひげ：他のものに巻きついて、植物体を支える器官。これが発達して花房になる。米国系品種は巻きひげが連続して着生する。欧州系は2連続して1回休み、また2連続する間絶（かんぜつ）巻きひげである。

負け枝：先端の枝の勢力が、基部の枝より弱くなる状態。栄養がめぐらず、よい実がならないので、切除するしかない。負け枝を作らない剪定法が整枝剪定法の基本である。つる性のブドウは立木の果樹より難しい。ブドウの整枝剪定は、棚栽培が中心である日本のブドウ栽培の要になる技術である。

マスカット香：欧州ブドウのマスカットオブアレキサンドリアに代表される香り。主成分はリナロール、ネロール、ゲラニオールなど。マスクは、鹿の雄が雌を誘う麝香（じゃこう）という分泌物のことで、マスクメロンにもあてはまる。マスカット香の品種は多数あり、育種の進歩によってよりよい香りを持った新品種が生まれてくる可能性が高い。

マディラ：ポルトガル領マディラ島の酒精強化ワイン

密植：面積当たりの植えつけ本数が多く、枝が込み合って棚が暗くなる状態。ブドウの品質に悪影響を及ぼす。日本の気候は降雨量が多く、地力があるから、粗植大木栽培が発達した。欧州は降雨が少なく乾燥地域だから密植栽培が定着している。生食用ブドウとワイン用ブドウでは密植にたいする見方が正反対で、どちらにするか、いまだに議論が続いている。

実止まり：結実のこと。日本では枝が伸び過ぎて、実止まりが悪くなるケースが多い。巨峰は、実止まりが悪く、栽培には悪戦苦闘した品種であった。が、栽培技術でそれを克服し、今では日本の主要品種になっている。

基肥（もとごえ）：年間の生育のために施用される肥料。主に収穫後の秋季に施用される。元肥とも表す。

や行

薬剤防除：100年に1回程度しか降雨がないタリム盆地では欧州系の品種でも薬剤防除は必要ない。日本は降雨が多過ぎて、欧州ブドウは薬剤防除なしには生存できない環境である。無農薬栽培したい場合は、食べられない酸味の強い野山の野生ブドウしか作れないのである。

誘引：新梢や結果母枝を棚面や棚の針金にテープナー（園芸用結束機）などを用いて固定すること。枝の配置に気遣い、棚面を均一に利用すれば太陽光線を最大限に利用することができる。

有機質肥料：植物体や堆肥、骨粉など動植物由来の資材。微量要素を含み、遅効性で持続期間が長く、やや高価だが、優良な肥料である。

幼木（ようぼく）：苗木を植えつけてから3年目くらいの若い樹。（→成木、老木、若木）

葉面散布：施肥方法の一つ。肥料成分を水に溶かし、枝葉に散布する方法。土壌に施肥する方法とは異なり、人間でいう、リンゲル液の点滴注射のような緊急処置。

ら行

裂果：成熟期に果粒に亀裂が入ったり、果皮が裂けたりすること。

老木（ろうぼく）：樹齢の経過とともに、樹勢が弱り、収量が低下してきた樹。（→幼木、若木、成木）

わ行

若木（わかぎ）：植えつけ4～6年生程度の樹。樹冠拡大中で、勢力は強いが、まだ果実は不揃いで果粒も小さく、不安定な収穫時期。枝は栄養生長期で、生殖生長期の前である。（→幼木、成木、老木）

◆主な参考・引用文献

『日本ブドウ学』中川昌一監修（養賢堂）

『ブドウ園芸（改訂版）』小林章著（養賢堂）

『ブドウ大事典』（農文協）

『ブドウ栽培の基礎理論』コズマ・パール著　粂栄美子訳（誠文堂新光社）

『果樹園芸学』菊池秋雄著（養賢堂）

『葡萄之研究』大井上康著（博友社）

『葡萄全書』川上善兵衛著（西ヶ原刊行会）

『実験 葡萄栽培新説』土屋長男著（養賢堂）

『よくわかる栽培12か月 ブドウ』芦川孝三郎著（NHK出版）

『図解 よくわかるブドウ栽培』小林和司著（創森社）

『育てて楽しむブドウ〜栽培・利用加工〜』小林和司著（創森社）

『ブドウの作業便利帳』高橋国昭著（農文協）

『葡萄の郷から』（山梨県果樹園芸会）

『果樹台木の特性と利用』河瀬憲次編著（農文協）

『日本のワイン』山本博著（早川書房）

『ワインの歴史』山本博著（河出書房新社）

『ワイン博士のブドウ・ワイン学入門』山川祥秀著（創森社）

『日本のブドウハンドブック』山本博・植原宣紘共著（イカロス出版）

「ブドウ品種解説」（1953〜2017年）植原正蔵　植原宣紘著（植原葡萄研究所）

『ブドウ栽培総論（改訂版）』A.J.Winklerほか著　望月太ほか訳（山梨県ワイン酒造組合）

「種苗法登録果樹品種一覧（平成29年度版）」（日本果樹種苗協会）

「果樹における種苗法ハンドブック」（日本果樹種苗協会）

「中国葡萄志」（中国農業科学技術出版）

「北京名果」（中国科学技術文献出版社）

「ワイン・グレイプス」ジャンシス・ロビンソンほか著（英国）

『果樹の病害虫―診断と防除―』山口昭、大竹昭郎編（全国農村教育協会）

『原色 作物の要素欠乏過剰症』高橋英一ほか著（農文協）

◆さくいん（五十音順）

あ

安芸（あき）クイーン　94
安芸シードレス　116
アジロンダック　149
あずましずく　129
アムレンシス　83
アルバリーニョ　72
アルフォンスラヴァレー　43
アルモノワール　69
伊豆錦　119
イタリア　37
イチキマール　45
ヴィオニエ　69
ウインク　28
植原540号　122
ウルバナ　125
黄華（おうか）　52
黄玉（おうぎょく）　121
大玉キャンベル　147
大玉ポートランド　147
大粒ナイアガラ　148
オーロラブラック　104
オリエンタルスター　112
オリンピア　120
オルフェ　33

か

甲斐乙女　25
甲斐路　16
甲斐のくろまる　130
甲斐ノワール　137
甲斐ブラン　67
甲斐ベリー3　130
甲斐美嶺（かいみれい）　113
カッタクルガン　38
カノンホールマスカット　39
カベルネソービニヨン　54
カベルネフラン　62
ガメイ　73
キャンベルアーリー　143
巨峰　91
キングデラ　99
銀嶺　108
クイーンニーナ　110
グリーンサマー　45
クルガンローズ　32
グルナッシュ　64
グロースクローネ　134
グロコールマン　25
ゲヴェルツトラミネール　79
ケルナー　56
献上デラ　120
甲州　80
甲州三尺　81
ゴールド　49

ゴールドフィンガー　118
コトピー　109
ゴルビー　95
コンコード　146

さ

サニードルチェ　14
サニールージュ　90
ザバルカンスキー　48
サペラヴィ　138
サマークイーン　107
サマーブラック　113
サンセミヨン　135
サンヴェルデ　110
サンジョヴェーゼ　65
サンソー　79
ジーコ　31
ＣＧ８８４３５　48
紫苑（しえん）　24
紫玉（しぎょく）114
シトロンネル　50
シナノスマイル　133
シャインマスカット　89
シャインレッド　51
ジャスミン　119
シャスラー　53
シャルドネ　55
秋鈴（しゅうれい）　26
ジュエルマスカット　131
シュナンブラン　74

シラー　70
シルヴァーネル　65
ジンファンデル　76
翠星（すいせい）　108
翠峰（すいほう）　102
スカーレット　129
涼香（すずか）　127
スチューベン　142
セイベル１３０５３　137
セイベル９１１０　134
赤嶺（せきれい）　17
瀬戸ジャイアンツ　23
セミヨン　64
センティニアル　44
ソービニヨンブラン　61

た

ダークリッジ　133
高尾　100
高墨（たかすみ）　115
高妻（たかつま）　114
タナー　75
タノレッド　124
旅路　128
多摩ゆたか　115
チャナー（乍那）　51
チンツァオチン（京早晶）　52
ツバイゲルトレーベ　58
デラウェア　96
天山（てんざん）　49

天秀（てんしゅう）　125
テンプラニーリョ　71
トラミナー　68
ドルンフェルダー　66
トレッビアーノ　78
トロリンガー　78

な

ナイアガラ　141
ナガノパープル　103
ニューナイ（牛奶）　53
ニューヨークマスカット　131
ヌーベルローズ　107
ネオマスカット　18
ネッビオーロ　70
ネヘレスコール　41
ノースブラック　123
ノースレッド　126

は

バイオレットキング　132
ハイベリー　37
白峰（はくほう）　122
バッカス　68
バッファロー　145
バナナ　34
ハニーシードレス　123
ハニービーナス　111
バラディー　34

バルベラ　67
BK シードレス　127
ピオーネ　92
ビジュノワール　82
ビッグユニコーン　30
ピッテロビアンコ　42
ピノグリ　72
ピノノワール　57
ピノブラン　63
ピノムニエ　66
ヒムロッドシードレス　118
藤稔（ふじみのり）　93
プティヴェルド　71
プティマンサン　75
ブラジル　27
ブラックオーパス　132
ブラックオリンピア　88
ブラッククイーン　136
ブラック三尺　44
ブラックスワン　30
ブラックビート　112
ブラックフィンガー　26
ベイジャーガン（貝甲干）　41
ベーリーアリカントA　135
紅アレキ　36
紅伊豆　98
紅三尺　43
紅瑞宝（べにずいほう）　117
紅高（べにたか）　28
紅環（べにたまき）　36
紅南陽　117

紅鳩　35
ベニバラード　126
紅ピッテロ　31
紅富士　116
紅義（べによし）　128
ベビーフィンガー　33
ポートランド　144

ま

マスカサーティーン　106
マスカット オブ アレキサンドリア　20
マスカットビオレ　21
マスカットベーリーA　97
マスカット甲府　40
マスカットノワール　106
マスカットハンブルグ　39
マニキュアフィンガー　29
マリオ　22
マルヴァジア　74
マルベック　73
ミニ甲斐路　38
ミューラートルガウ　60
ミュスカデ　77
ムールヴェードル　77
メルロー　59
モンドブリエ　136

や

ヤトミローザ　50

ヤマソービニオン　83
ヤマブラン　82
雄宝（ゆうほう）　109
ユニコーン　47
ユニバラセブン　27
陽峰　111

ら

ランブルスコ　76
リースリング　63
リザマート　42
竜眼（りゅうがん）　81
竜宝（りゅうほう）　121
涼玉（りょうぎょく）　40
ルーベルマスカット　19
ルビーオクヤマ　47
ルビーロマン　105
レイトリザマート　32
レッドクイーン　124
レッドニアガラ　149
レッドネヘレスコール　35
レッドポート　148
ローヤル　46
ロザキ　46
ロザリオビアンコ　15
ロザリオロッソ　29

わ

早生デラウェア　101

● 植原葡萄研究所 ●

　一般品種のブドウ栽培を手がけていた先代の植原正蔵が、1953年（昭和28年）に開設。ブドウの苗木生産、栽培研究、新品種育成（甲斐路など）に取り組む。引き継いだ宣紘がロザリオビアンコ、ゴルビー、紫苑など30種余りの新品種を育成。育種のかたわら、新品種、主要品種の台木による健全な苗木を生産販売。また、ブドウ品種を紹介した年度版のカタログ「ブドウ品種解説」を1953年から発行し続けている。国内外からのブドウ、ワイン関係の視察者を受け入れている。

㈱植原葡萄研究所　　〒400-0806　山梨県甲府市善光寺1-12-2
　　　　　　　　　　TEL 055-233-6009　FAX 055-233-6011
　　　　　　　　　　http://www.uehara-grapes.jp

丘陵に広がるブドウ園（山梨県甲州市）

　　　デザイン────塩原陽子　ビレッジ・ハウス
　　　　　撮影────三宅 岳　植原宣紘
取材・写真協力────北海道生産振興局農産振興課　JAよいち　鶴沼ワイナリー
　　　　　　　　　道総研中央農業試験場　富良野市ぶどう果樹研究所　秋保ワイナリー
　　　　　　　　　天香園　山形県園芸農業推進課　菊地園芸　福島県農業総合センター
　　　　　　　　　ココ・ファーム・ワイナリー　茨城県農業総合センター園芸研究所
　　　　　　　　　農研機構果樹茶業研究部門　JA東京みなみ　ふるうつらんど井上
　　　　　　　　　久保田園　浅間園　山梨県笛吹川フルーツ公園　笛吹農園
　　　　　　　　　山梨県果樹試験場　植原葡萄研究所　原茂ワイン　米山農園
　　　　　　　　　早川町役場振興課　JA甲府市　ぶどうの志村葡萄研究所　山川祥秀
　　　　　　　　　ぶどうばたけ　丸藤葡萄酒工業　蒼龍葡萄酒　原田ぶどう園
　　　　　　　　　長野県果樹試験場　須坂市役所農林課　丸長観光ぶどう園
　　　　　　　　　塩尻市役所農政課　JA中野市　マンズワイン小諸ワイナリー
　　　　　　　　　JA松本ハイランド松本東山部営農センター　JA須高営農センター
　　　　　　　　　石川県農林総合研究センター　Okuru Sky　丹波ワインハウス
　　　　　　　　　藤原公平　岡山県農林水産総合センター　花澤ぶどう研究所
　　　　　　　　　山陽農園　安心院葡萄酒工房　ほか
　　　　　校正────吉田 仁

編著者プロフィール

●植原 宣紘（うえはら のぶひろ）

　ブドウ育種家。農業生産法人・株式会社植原葡萄研究所代表取締役。

　山梨県甲府市生まれ。千葉大学園芸学部卒業。父・正蔵の代から手がけていたブドウの育種研究に打ち込み、ロザリオビアンコ、ゴルビー、紫苑など多くの有力新品種を育成。日本果樹種苗業者協議会会長、山梨大学工学部非常勤講師などを歴任。山梨県果樹苗木生産組合組合長、日本果樹種苗協会理事、果樹種苗管理士などを務める。長年のブドウ育種などの業績で、2010年に山梨県政功績者賞、2014年に黄綬褒章を受章。ワインにも造詣が深く、フランスのブルゴーニュの有名な利き酒騎士団の騎士に叙勲されたり、日本ソムリエ協会から名誉ソムリエの称号を授与されたりしている。

　主な著書に『日本のブドウハンドブック』（山本博との共著、イカロス出版）など多数。

ブドウ品種総図鑑

2018年 6 月15日　第 1 刷発行

編　著　者──植原宣紘

発　行　者──相場博也

発　行　所──株式会社　創森社
　　　　　　　〒162-0805　東京都新宿区矢来町96-4
　　　　　　　TEL 03-5228-2270　FAX 03-5228-2410
　　　　　　　http://www.soshinsha-pub.com
　　　　　　　振替00160-7-770406

組　　　版──有限会社　天龍社

印刷製本──中央精版印刷株式会社

落丁・乱丁本はおとりかえします。定価は表紙カバーに表示してあります。
本書の一部あるいは全部を無断で複写、複製することは法律で定められた場合を除き、著作権および出版社の権利の侵害となります。
©Nobuhiro Uehara 2018 Printed in Japan　ISBN978-4-88340-325-7 C0061

〝食・農・環境・社会一般〟の本

http://www.soshinsha-pub.com

創森社　〒162-0805 東京都新宿区矢来町96-4
TEL 03-5228-2270　FAX 03-5228-2410
＊表示の本体価格に消費税が加わります

農は輝ける　星寛治・山下惣一 著　四六判208頁1400円

農産加工食品の繁盛指南　鳥巣研二 著　A5判240頁2000円

自然農の米づくり　川口由一 監修　大植久美・吉村優男 著　A5判220頁1905円

TPP いのちの瀬戸際　日本農業新聞取材班 著　A5判208頁1300円

大磯学　自然、歴史、文化との共生モデル　伊藤嘉一・小中陽太郎 他編著　四六判144頁1200円

種から種へつなぐ　西川芳昭 編　A5判256頁1800円

農産物直売所は生き残れるか　二木季男 著　四六判272頁1600円

地域からの農業再興　蔦谷栄一 著　四六判344頁1600円

自然農にいのち宿りて　川口由一 著　A5判100頁3500円

快適エコ住まいの炭のある家　谷田貝光克 監修　炭焼三太郎 編著　A5判100頁1500円

植物と人間の絆　チャールズ・A・ルイス 著　吉長成恭 監訳　A5判220頁1800円

農本主義へのいざない　宇根豊 著　四六判328頁1800円

文化昆虫学事始め　三橋淳・小西正泰 編　四六判276頁1800円

地域からの六次産業化　室屋有宏 著　A5判236頁2200円

小農救国論　山下惣一 著　四六判224頁1500円

タケ・ササ総図典　内村悦三 著　A5判272頁2800円

育てて楽しむ ウメ 栽培・利用加工　大坪孝之 著　A5判112頁1300円

育てて楽しむ 種採り事始め　福田俊 著　A5判112頁1300円

育てて楽しむ ブドウ 栽培・利用加工　小林和司 著　A5判104頁1300円

パーマカルチャー事始め　臼井健二・臼井朋子 著　A5判152頁1600円

よく効く手づくり野草茶　境野米子 著　A5判136頁1300円

図解 よくわかる ブルーベリー栽培　福田俊 著　A5判168頁1800円

野菜品種はこうして選ぼう　蔦谷栄一 著　A5判256頁1800円

現代農業考～「農」受容と社会の輪郭～　工藤昭彦 著　A5判176頁2000円

農的社会をひらく　蔦谷栄一 著　A5判256頁1800円

超かんたん 梅酒・梅干し・梅料理　山口由美 著　A5判96頁1200円

育てて楽しむ サンショウ　真野隆司 編　A5判96頁1400円

育てて楽しむ オリーブ 栽培・利用加工　柴田英明 編　A5判112頁1400円

ソーシャルファーム　NPO法人あうるず 編　A5判228頁2200円

虫塚紀行　柏田雄三 著　四六判248頁1800円

農の福祉力で地域が輝く　濱田健司 著　A5判144頁1800円

育てて楽しむ エゴマ 栽培・利用加工　服部圭子 著　A5判104頁1400円

図解 よくわかる ブドウ栽培　小林和司 著　A5判184頁2000円

育てて楽しむ イチジク 栽培・利用加工　細見彰洋 著　A5判100頁1400円

おいしいオリーブ料理　木村かほる 著　A5判100頁1400円

身土不二の探究　山下惣一 著　四六判240頁2000円

消費者も育つ農場　片柳義春 著　A5判160頁1800円

農福一体のソーシャルファーム　新井利昌 著　A5判160頁1800円

西川綾子の花ぐらし　西川綾子 著　四六判236頁1400円

解読 花壇綱目　青木宏一郎 著　A5判132頁2200円

ブルーベリー栽培事典　玉田孝人 著　A5判384頁2800円

育てて楽しむ スモモ 栽培・利用加工　新谷勝広 著　A5判100頁1400円

育てて楽しむ キウイフルーツ　村上覚 ほか著　A5判132頁1500円

ブドウ品種総図鑑　植原宣紘 編著　A5判216頁2800円